· 高职高专园艺专业教材 ·

U0738500

GUANSHANG ZHIWU SHINEI YINGYONG YU YANGHU

观赏植物室内应用与养护

吴秀水 —— 编著

ZHEJIANG UNIVERSITY PRESS
浙江大学出版社

图书在版编目（CIP）数据

观赏植物室内应用与养护 / 吴秀水编著. — 杭州 ：
浙江大学出版社，2015.8（2025.1重印）
ISBN 978-7-308-14898-6

Ⅰ．①观… Ⅱ．①吴… Ⅲ．①观赏植物—观赏园艺
Ⅳ．①S68

中国版本图书馆CIP数据核字(2015)第165240号

观赏植物室内应用与养护

吴秀水　编著

策划编辑	徐　霞（xuxia@zju.edu.cn）
责任编辑	徐　霞
责任校对	潘晶晶　秦　瑕
封面设计	续设计
出版发行	浙江大学出版社
	（杭州市天目山路148号　　邮政编码　310007）
	（网址：http://www.zjupress.com）
排　　版	杭州林智广告有限公司
印　　刷	广东虎彩云印刷有限公司绍兴分公司
开　　本	787mm×1092mm　1/16
印　　张	11
字　　数	241千
版 印 次	2015年8月第1版　2025年1月第4次印刷
书　　号	ISBN 978-7-308-14898-6
定　　价	58.00元

浙江大学出版社发行部联系方式：0571-88925591；http://zjdxcbs.tmall.com

编委会

主　编　吴秀水　温州科技职业学院

副主编　姜晓斌　安庆职业技术学院
　　　　　刘　爽　辽宁省农业技术学校
　　　　　屠娟丽　嘉兴职业技术学院

参　编　王　伟　温州科技职业学院
　　　　　王巍伟　温州科技职业学院
　　　　　潘晓听　温州市鹿城区蒲鞋市木栖地花店
　　　　　张洪燕　保定职业技术学院

　　《观赏植物室内应用与养护》是以室内观赏植物识别、应用与养护为基础，面向商品花卉、都市园艺和园林技术专业的一门职业技能课程。它主要阐述室内观赏植物种类、观赏植物室内应用设计、养护以及租摆。本教材适合全国各地高职高专院校的商品花卉、都市园艺和园林技术专业使用，也可作为园林、花卉企业花卉租摆人员培训教材和园艺爱好者学习用书。

　　《观赏植物室内应用与养护》是由学校与企业合作共同编写的高职高专教材。本教材依托中央财政支持专业建设项目"高等职业学校提升专业服务产业发展能力"商品花卉专业建设，由本课程的负责人吴秀水副教授牵头，由具有深厚理论功底的专职教师及有很强实践能力的企业兼职教师共同进行编写。

　　本教材在组织编写过程中，注重理论联系社会实际，深入浅出地介绍了常见室内观赏植物种类、室内应用设计、应用方案实施与养护，使学生能正确地、高质量地进行观赏植物的室内应用与养护，为创造生态、美观、环保的室内环境做出贡献。

　　本教材突出高职高专教育的特点，具有以下特色：

　　（1）本着以服务为宗旨，以就业创业为导向，校企合作，主动适应社会经济发展和市场需求的指导思想，提高教材的针对性、实用性、先进性和可操作性，有利于培养社会需求的高等技术专门人才。

　　（2）本教材注重以实际工作岗位、典型工作任务为导向，以职业岗位能力为本位，突出观赏植物室内应用设计、布置及养护。简化理论知识，强化实践操作，强调实际应用，体现职业能力培养。

　　（3）本书紧跟时代发展，满足社会需要，内容精练、图片直观、信息量大，启发性强。特别是书中大量的经典案例，既能使学生轻松愉快地掌握理论知识，享受学习的乐趣，欣赏植物的美，陶冶情操，又能让学生在实践中培养室内观赏植物及其应用的能力和技艺。

　　本教材的第1章、第4章由吴秀水执笔，第2章由屠娟丽、刘爽执笔，第3章由姜晓斌、王巍伟执笔，第5章由王伟、张洪燕执笔，全书最后由吴秀水、潘晓听统稿。

　　本教材参阅了部分国内外的图片和文献资料，在此，我们向这些作者致以衷心的感谢！

　　由于编者水平所限，书中难免有不妥之处，热情期待读者的批评和指正。希望读者在使用该教材的过程中，进一步提出宝贵意见，使其更臻完善。

编　者

2015 年 5 月

第4章 室内观赏植物的养护

第1章

观赏植物室内应用概述

GUANSHANG ZHIWU SHINEI
YINGYONG GAISHU

学习目标

▶ 知识目标

1. 理解观赏植物室内应用的概念及特点。
2. 掌握观赏植物室内应用的作用。
3. 理解并掌握观赏植物之美。
4. 培养观赏植物室内应用的职业兴趣，树立环境保护的生态意识。

▶ 技能目标

1. 培养学生对观赏植物美的鉴赏能力。
2. 掌握依据室内装饰目标来选择观赏植物的能力。

引例

问题

当你看到上面这张图片时，你的想法是什么？

知识研修

　　室内观赏植物的应用是近年来兴起的一个新概念，其实它对于我们来说并不陌生。多少年来，无论贫穷还是富有，我们总爱在家中养上一两盆花。或许我们没有刻意用它们来装饰，但它们为居室所带来的盎然生机是有目共睹的。现代的室内观赏植物应用把这种不经意的装饰进一步科学化。随着社会日新月异的变化，人民生活水平的提高，室内观赏植物的应用已逐渐发展成为一门综合性的实用艺术。近几年，室内观赏植物的生产、应用都在不断扩大，家庭消费市场得到极大重视，从第八届花卉博览会上就可以看到，花卉产业链中的不同领域都在瞄准家庭消费市场。

1.1 室内观赏植物应用的概念与特点

1.1.1 室内观赏植物应用的概念

随着我国经济的高速发展，社会文明程度不断提高，人们对居住环境、工作环境、公共环境舒适、美观和清新的需求越来越强烈。

室内环境是指人工围合的、与外界相对隔离的，能实现小气候人工调控的物质空间。室内观赏植物是指植物学家和园艺学家从浩瀚的植物宝库中筛选出来，耐阴性强，能适应室内光照、温度等环境条件，适宜在室内长期摆放，且具有较高观赏价值的盆栽植物。这些植物大多原产于热带和亚热带地区的林下，它们比较耐阴或喜阴，对室内环境条件有较强的适应能力，如空气湿度较低、光照不充足、通风不良和温度变化范围较小等。另外，室内观赏植物具有品种繁多、姿态各异、优美淡雅、自然亲切，以及摆放周期长、易于管理等特点。

观赏植物室内应用是指运用室内观赏植物对室内环境进行空间组织及装饰美化，如对居室、会议场所、商场、办公场所等进行的观赏植物美化装饰。观赏植物室内应用的最终目的是为人们创造更合理的、更符合人性的、物质和精神需求合一的生活空间环境，全面提升人类生存的质量和层次。观赏植物室内应用的形式主要有盆栽植物（见图 1.1）、盆景（见图 1.2）和水培植物（见图 1.3）。

图 1.1 盆栽

图 1.2 盆景

图 1.3 水培

1.1.2 室内观赏植物应用的特点

观赏植物室内装饰所使用的是植物，因此，植物的特性决定了其装饰的特点。

1. **具有自然形态**

每种观赏植物都具有不同的形态特点，因此在进行观赏植物装饰设计时，就要充分考虑观赏植物的自然形态及其特点，使之与环境有机结合，真正达到装饰美化的效果。

2. 具有生命活力

植物都是具有生命力的，但是不同的观赏植物对环境条件的要求有所不同，只有在适宜的环境条件下，才能健康生长，发挥其观赏价值，否则就可能导致观赏植物生长不良，甚至死亡的现象。影响观赏植物生长的环境因子主要有光照、温度、水分、土壤、肥料等。因此，在设计时就要充分考虑这些影响植物生长的环境因素，使观赏植物能充分发挥其应有的美化装饰效果。

3. 具有时效性

观赏植物是一个生命体，随着植物的不断生长，其形态、色泽都会发生改变。因此，在进行观赏植物装饰设计时，要充分考虑植物各个不同时期的变化，以保持植物近期和远期的不同景观效果。

1.2 观赏植物室内应用的作用

随着城市居民的集中、土地的减少，人们在室内生活的时间增多。室内空间的封闭性以及各种化学材料的使用，导致室内环境污染日趋严重。运用植物释放氧气、吸附有害气体、增加空气湿度、产生负离子等生态功能，是改善室内环境的重要途径之一。人们的生活、工作、学习和休息等都离不开环境，环境的质量对人们的心理、生理起着重要的作用。室内布置装饰除必要的生活用品、摆设装饰品之外，还有不可缺少的、具有生命气息和情趣的、使人享受到大自然美感的观赏植物。现代家庭的建筑装修以及物品器具的布置只是解决了"硬件"装修和装饰，而室内观赏植物应用则是现代家庭的"软装修"，这种"软装修"是普通装修布置的必要补充和质量提升。

1.2.1 美化环境

室内观赏植物具有形体美、线条美、色彩美、芳香美和意境美的特性。用婀娜多姿、具有生命活力的观赏植物美化与装饰居室、办公室等室内空间，是人们热爱大自然、营造现代文明生活的普遍愿望。植物因其多姿的形态、素雅或斑斓夺目的色彩、清新幽雅的气味以及独特的气质，成为室内装饰物。利用创造室内绿色气氛、美化室内空间，是人们最好的选择。植物是人类最好的观赏品，是真正活的艺术品，常常使人百看不厌、陶醉其中，让人在欣赏中去遐想、去品味它的美。

因此，经过观赏植物的艺术处理，使室内绿化装饰在形象、空间、色彩等方面更加妩媚，创造出"室内几丛绿，满屋顿生春"的自然景观，以达到总体美化效果。如室内建筑结构刻板的线条、呆滞的形体，因枝叶、花朵的点缀而显得灵动。装饰中的色彩常常左右着人们对环境的印象，倘若室内没有枝叶、花朵的自然色彩，即使地面、墙壁和家具的色彩再漂亮，仍然缺乏生机。绿叶、花枝可作为门窗的景框，使窗外景色更好地映入室内，而室内或窗外环境中的不悦目部分则可利用布置的植物将其屏蔽。所以，把造型优美、色彩夺目的植物作为室内重点装饰物，具有良好的吸引力，既可以创造出幽静素雅的环境气氛，也可以创造出色彩斑斓、引人注目的动人景色。

1.2.2　保护和改善环境

观赏植物能滞留粉尘、改善空气质量、保持空气清新，还能调节室内湿度、降低噪声。

加拿大一个卫生组织的环境调查显示，城市人80%的时间是在室内度过的。室内环境状况与人体健康密切相关，人们68%的身体疾病都与室内空气污染有关。

观赏植物是室内环境污染的清洁工。植物对于一定浓度范围内的大气污染物，不仅具有一定程度的抵抗力，而且还具有相当程度的吸收能力。一些观赏植物在进行新陈代谢时，除吸收空气中的二氧化碳外，还可以吸收甲醛、苯、甲苯、二甲苯、三氯乙烯、三氯甲烷、萘、二异氰酸酯类等有害物质；有些植物体内含有挥发性油类或者可以分泌杀菌素，减少空气中的青霉、芽枝菌、曲霉、葡萄球菌、微球菌、白霉及各种病毒等。同时，植物可以释放出氧气，使人感到空气清新、心旷神怡。

目前，许多国家的环保部门已广泛地宣传观赏植物这种有益于人类健康的特性。绿色观赏植物是普通家庭均能承受的空气净化器。已初步被认定对室内空气净化有效的观赏植物有很多，可参照表1.1来选择观赏植物布置居室。

表1.1　不同观赏植物净化空气的功能

观赏植物名称	功　能
仙人掌等多肉多浆类	吸收二氧化碳的同时，可制造氧气，使室内空气中的负氧离子浓度增加
玫瑰、茉莉、紫罗兰、石竹等芳香类	产生的挥发性油类具有显著的杀菌作用
米兰、蜡梅	能有效地清除空气中的一氧化碳等有害物质
龙血树、万年青、雏菊	可清除来源于复印机、激光打印机，以及洗涤剂和黏合剂中的三氯乙烯

总之，观赏植物对于保护和改善室内环境的作用主要体现在以下五个方面：第一，减少室内的二氧化碳，增加氧气。第二，调节室内温湿度。植物叶片的光合作用、蒸腾作用等生理代谢，可使室内气温降低，同时还能调节室内相对湿度。在干燥季节，植物能提高室内相对湿度；而在雨季，则又具有吸湿性，可降低室内湿度。第三，可以有效地吸附空气中的尘埃，以及吸收室内一些有害气体和放射性物质。第四，可以杀灭室内空气中的病原菌，起到净化空气的作用。第五，可以增加室内空气中的负氧离子浓度。

1.2.3 调节人的身心健康

当今社会生活节奏快、竞争激烈，沉重的工作压力和室内的空气污染引发的各种生理和心理疾病（或称"病态大楼综合征"），正越来越引起人们的关注。植物与人共享室内空间，不仅有利于环境质量的改善，而且还可以调节视神经、心律，缓解神经疲劳，因此被视为身心健康的最佳调节剂。观赏植物的姿色、风韵、馨香，可以给人们带来美的享受。相关研究结果表明，室内观赏植物塑造的绿色意境，可明显改善人的视力，减轻压力，缓解焦躁，稳定情绪，使人心情舒畅，提高人的注意力和反应力。不同观赏植物的文化内涵，使人联想到其精神象征，从而增强自身的能动性，如兰花的高洁、竹（见图1.4）的虚心、松柏的苍劲等均可起到陶冶性情、鼓舞斗志的作用。另外，特殊观赏植物的芳香性挥发物对人的心理也有一定的调节作用，如薰衣草（见图1.5）具有安神助眠功效、迷迭香的香味能够提神等。

图1.4　佛肚竹

图1.5　薰衣草

1.3 室内观赏植物之美

要进行室内观赏植物应用装饰，必须了解植物所特有的文化以及欣赏方式。

观赏植物以其美丽的色彩、婀娜的姿态、馥郁的芳香、深刻的内涵，给人们带来了五彩缤纷的世界。人们用植物的颜色为生活添彩，用花的香味除闷解郁。正因为如此，虽然人类从鲜花遍野的森林来到钢筋混凝土的天地已经相当长久，但怎么也忘不了大自然所赐予的鲜花绿叶。于是人们千方百计将植物引入居室、办公室等室内场所，将自然引入生活，让植物的风姿、色彩、香味和神韵终日与人们相伴。

观赏植物之美可概括为"姿、色、香、韵"四个字，以下从这四个方面具体分析观赏植物的美。

1.3.1　观赏植物的姿态美

观赏植物花朵开放得鲜艳夺目、香气浓郁，固然令人赞美，但"花开有时，花落有期"，乃是自然规律。而观赏植物的姿态却持久而又与季节无关，所以古人说："花以形势为第一，得其形势，自然生动活泼。"（[清]松年：《颐园论画》）此语虽是在论画中花卉，可对自然花卉植物的审美来说，亦同样适合。自然的花卉植物，有丽色天香而无妍姿美态，便少风韵神志；若姿态美妙，娉婷婀娜，纵少色香，其韵亦自生。如室内最普通的盆栽观叶植物吊兰（见图1.6），花色花香虽欠，但其形似兰，花茎奇特，横生倒偃，有悬空凭虚之美；文竹（见图1.7）色泽碧绿，枝叶重叠，有纤秀文雅之美；而秀竹婵娟挺秀，虽然不艳不香，但其刚直的竹竿、飘逸的枝叶、摇曳的竹影，有潇洒清雅之美；虞美人植株纤秀、轻盈，故人们不仅叫它虞美人，还给它一"舞草"的雅号；南洋杉大枝平展、小枝下垂，姿态优美；散尾葵枝条开张，枝叶细长而略下垂，株形婆娑优美，姿态潇洒自如。

图1.6　吊兰

图1.7　文竹

观赏植物的叶片形状也是千姿百态。如洒金榕有叶形似狮耳的广叶种，有如牛舌的长叶种，有像蜂腰的飞叶种等，故又称变叶木，如图1.8所示。蓬莱蕉的叶孔裂纹形状极像龟背，因而亦称龟背竹。鹅掌柴有像鸭脚一样的掌状复叶，因此又称为鸭脚木。还有八角金盘、春羽等，都是观赏价值极高的观叶植物。

图 1.8 变叶木

观赏植物的花、果形状更为奇异。如鹤望兰（见图 1.9）拥有橙黄的花萼、深蓝的花瓣、洁白的柱头、红紫的花苞，整朵花宛如仙鹤的头部，因而得名鹤望兰，又因杭州引种并获奖而名天堂鸟。琼花由两种花组成，中间为两性小花，周围是八朵大型的白色不孕花，盛开之际，微风轻拂，似群蝶戏珠，仙姿绰约。仙客来的花瓣反卷似兔耳；拖鞋兰（见图 1.10）的花瓣形似拖鞋；蝴蝶兰的花瓣形似蝴蝶；荷包花的花冠状如荷包；吊钟花（见图 1.11）的花瓣整齐并对称，而且整个花朵下垂极像一盏盏小灯笼，漂亮至极；等等。还可观赏植物果实的形状，如佛手的果实顶端裂开如手指，整个果形像人手；柚子的果实硕大无比；金弹子（见图 1.12）的果实为橘红色或橙黄色，形似弹丸，从冬至翌春经久不落，非常美观、漂亮。不同的观赏植物，带给了人们不同的美的享受。

图 1.9 鹤望兰

图 1.10 拖鞋兰

图 1.11 吊钟花

图 1.12 金弹子

至于经过人工剪扎形成的植物盆景，则更是巧夺天工，艺术味更浓，美学意义更强烈（见图1.13）。用自然界的植物进行人工造型，不同于以石头、钢材等无生命的硬质材料为对象的雕刻艺术，观赏植物装饰可以克服雕塑在环境、色彩方面的局限性，以真实的生命塑造出活的艺术品，给人们带来丰富的美感，因而盆景被誉为"无声的诗，立体的画"、"有生命的雕塑"、"凝固的音乐"！

图1.13　盆景（柏、五针松）

1.3.2　观赏植物的色彩美

色彩的直接心理效应来自色彩的物理光刺激对人生理反应的直接影响。如心理学家发现，在红色的环境中，人的脉搏会加快，血压有所升高，情绪兴奋冲动；而处在蓝色环境中，脉搏会减缓，情绪也较沉静。颜色还能影响脑电波，脑电波对红色的反应是警觉，对蓝色的反应是放松。色调分暖色和冷色两种：暖色调即波长长的，如红色、橙色、黄色等，这种色调的运用，可创造温馨、和煦、热情的氛围；冷色调即波长短的，如青色、绿色、紫色等，这种色调的运用，可创造宁静、清凉、高雅的氛围。

色彩是植物美的重要组成部分，它给人的美感最直接、最强烈，因而能给人最难忘的印象。由于植物色彩对人产生一定的心理和生理作用，因而具有一定的感情象征意义。只要你步入万紫千红的百花园，各种代表不同感情的花色就会竞相映入你的眼帘。有的使人兴奋，有的使人平静；有的使人紧张，有的使人松弛；有的复色花给人华丽而漂亮的感觉，有的则使人感觉朴素而优雅。观赏植物的明朗色调能使人感到轻松愉快，增加欢乐气氛，而灰暗色调则使人压抑、郁闷，牵动人的愁思。

在我国，人们对色彩的认识是多种多样的，我们一般将色彩的情感归纳如下。

▶ **红色**（见图1.14）。红色是最显眼的色彩，充满活力，给人温暖的感觉，使人激动、兴奋，能产生积极向上的力量。红色一般用于喜庆场合，表示热情、希望及健康。

▶ **橙色**（见图1.15）。橙色是介于红色和黄色之间的混合色，是欢快活泼的光辉色彩，是暖色系中最温暖的颜色。它使人联想到金色的秋天、丰硕的果实，带有力量、饱满、胜利、富足、快乐而幸福的感情色彩，甜蜜而亲切，表示华丽、高贵、明亮和庄严。

▶ **黄色**（见图1.16）。黄色最为明亮，象征太阳的光源。黄色代表丰收，代表至高无上，象征智慧，表示崇高、神秘、华贵、辉煌、尊严和威严。黄色花又给人以自然清新、柔和、纯净、活跃和轻快的感觉，让人拥有愉快的心情。常见观赏花卉有连翘、迎春、向日葵等。

▶ **绿色**（见图1.17）。绿色是大自然中最宁静的色彩，使人联想到草地、树林，是生命、充满活力、自由、和平、安定、清新与安静之色，给人以充实与希望。绿色能使人感到舒适，使其心理处于最佳状态。

▶ **蓝色**（见图1.18）。蓝色是大海和天空的颜色，表示清凉、宁静、深远、清新及凉爽，又有忧郁和阴冷的感觉。蓝色是典型的冷色和沉静色，蓝色花能有效地提高环境的美感并使人感到心情平静，宜布置在安静休息区、老年人活动区、学习区。常见观赏花卉有八仙花、飞燕草等。

▶ **紫色**（见图1.19）。紫色是高贵的色彩，给人以华贵、典雅、娇艳、优越、流动、不安等感觉，是女性化的色彩。如紫叶酢浆草、薰衣草、葡萄风信子等。

▶ **白色**（见图1.20）。白色象征着纯粹与纯洁，表示和平与神圣。白色的明度最高，给人以明亮、干净、纯净、清雅、神圣、安适、高尚、无邪、清爽、轻盈之感。常见观赏花卉有栀子花、茉莉花、水仙花等。

图1.14 红色（朱顶红）

图1.15 橙色（月季）

图1.16 黄色（兜兰）

图1.17 绿色（杜鹃花）

图1.18 蓝色（三色堇）

图1.19 紫色（郁金香）

图1.20 白色（茉莉花、水仙花）

色彩的感情是一个复杂而又微妙的问题，它会因人、因时、因地等不同而被赋予不同的含义。我国劳动人民习惯上将大红大绿看作吉祥如意的象征，每逢婚庆、节日，都用红色致贺，如花朵艳丽、象征高贵的牡丹花，火红的月季，粉红的杜鹃，在喜庆场合就特别受人喜欢。而文人雅士则多喜欢清逸素雅的色彩，如陶渊明最爱菊。

绿色是植物的基本颜色。"好花还须绿叶扶"，花朵固然美丽，但是如果没有绿叶来衬托，显然要逊色得多。唐代刘禹锡在《杨柳枝词九首》中写道："桃红李白皆夸好，须得垂杨相发挥"，咏叹的就是绿叶的作用。就植物绿叶本身而言，其也有浓淡深浅之分，从而表现出不同的装饰效果。至于变叶木、彩叶朱蕉、花叶万年青、合果芋、观音莲等彩叶观赏植物（见图 1.21），其观赏价值就更高，深受人们喜爱，室内装饰效果也会更好。除花叶之外，五颜六色的果实也具有很高的观赏价值，正如苏轼在《赠刘景文》中所描绘的："一年好景君须记，最是橙黄橘绿时"。春节期间在居家客厅里摆放一盆金橘、柠檬或佛手，既吉祥又富贵。

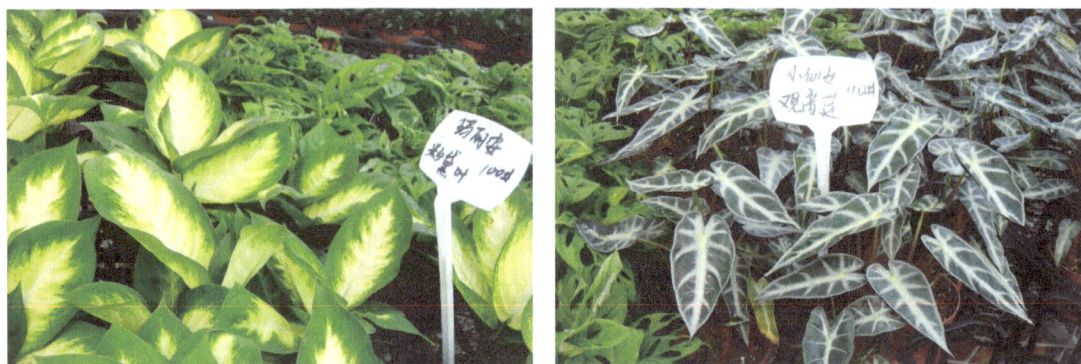

图 1.21　彩叶观赏植物

🔗 知识链接1-1

6 大花色可改善健康

花开锦绣，万紫千红。花卉的缤纷色彩，不仅把大自然点缀得美丽如画，而且还会直接影响到人们的心理与生理。

科学家发现，颜色对人类心理与生理的影响是极大的。各种颜色映入人的眼帘，由视神经传到大脑神经中枢，就会发生不同的反应，给人以不同的感受。例如，白色使人冷静，绿色令人感到清凉爽快，黑色使人容易安静和入睡。由于颜色具有使人兴奋与安静这两种特点，人们把颜色分为两类：一类叫暖色，如红、橙、黄等，令人心情趋向兴奋愉快，乐于活动，从而促进人体新陈代谢；另一类叫冷色，如绿、蓝、青、紫等，令人心情趋向安静，使人觉得安闲、静谧、文雅。

花卉色彩对人们的健康和长寿影响尤其重大。下面，我们就为大家逐一介绍一下。

（1）绿色。对人类健康最为有益的植物色彩莫过于绿色。绿叶能吸收强光中对眼睛有害的紫外线，绿色物体可反射47%的自然界光线。视力不好的老年人多看看青绿之色，有助于消除神经紧张和视力疲劳。医学家发现，幽静的绿色环境能使人紧张的中枢神经松弛，有利于改善和调节机体各种功能，并可使人体皮肤温度降低1~2℃，脉搏每分钟平均减少4~8次，呼吸慢而均匀，血压稳定，心脏负担减轻，精神舒适。这对于患有冠心病、高血压的病人以及积劳日久、人体各器官处于退化的老年人是大有裨益的。代表品种：绿萝、常春藤。

（2）淡蓝色。近代医学家的研究表明，淡蓝色能使病人的紧张心理得到缓解，还能调节体温，使高热病人体温下降。代表品种：绣球花。

（3）紫色。紫色能使人的精神得到安慰，可使孕妇感到安定，并有镇痛作用。代表品种：薰衣草。

（4）蓝色和白色。这两种颜色能使人体血压降低，是治疗高血压的无形药物。代表品种：勿忘我、百合。

（5）红色。红色可刺激和兴奋神经，促进机体血液循环，有助于增强食欲，振奋意志。代表品种：玫瑰、郁金香。

（6）黄色和橙黄色。这两种颜色可以刺激胃口，增强食欲。代表品种：菊花、雏菊。

因此，家庭种植树木花草，应选择一年四季不同花色的品种进行科学的搭配栽植，从而达到既美化环境，又有助于防治疾病、延年益寿的目的。

资料来源：佚名.6大花色可改善健康[EB/OL].(2006-05-29)[2015-06-15].
http://www.39.net/Treatment/qjjk/wxjj/183702.html.

1.3.3 观赏植物的香味美

植物的香味美难以言传，却给人如梦如醉的美感，它包括"香"与"味"两个方面。在众香国度，最受文人雅士推崇的要数兰花（见图1.22）的幽香。兰花花香一不定时，二不定向，三不定量，像"幽灵"一样飘忽不定，难以捉摸，故称"幽香"。其香味清雅、纯正、袭远、持久，号称"香祖"、"王者之香"。人们对其他花香或许各有偏爱，唯独兰花是世界上绝大多数国家人民都喜好的香型。据有关报道，许多花香都可以合成，唯独兰花难以仿效。有位美学家叙述了一个饶有风味的见闻，在公园的兰花展览会上，曾见到三位老人闭目静立，神态庄重，仿佛在等待一个重要时刻。"来了！来了！"他们突然惊呼起来，同时深深地呼吸着，原来他们在恭候兰香。"兰香不可近闻"，妙

图1.22　兰花

13

就妙在若有若无，似远还近之间。"坐久不知香在室，推窗时有蝶飞来"，正说明了兰香的幽深。

在我国最受人民喜爱的是桂花，尽管它没有硕大的花朵或鲜艳的色彩，但是在桂花盛开的时节，金粟万点，飘香溢芳，看花闻香，悦目怡情，给赏花者带来无尽的美感。"疑是广寒宫里种，一秋三度送天香"，"亭亭岩下桂，岁晚独芬芳"，这些历代诗人的咏桂佳句，多在盛赞桂花的"天香"或"芬芳"。

小巧洁白的茉莉花（见图1.23），也以其清香赢得众人的喜爱。仲夏夜里，香味伴随着月光流泻飘忽，宛若舒伯特的小夜曲，沁人心脾，妙不可言。在香水引进之前，茉莉花一直深受中国女性喜爱：早晨梳妆既罢，摘几朵沾露的茉莉插于发上；到了黄昏纳凉之时，又把茉莉花佩在襟前，香随人转，朝夕萦绕，提神醒脑，炎暑顿消。难怪有人说，"一卉能熏一室香"。

象征富贵吉祥、繁荣昌盛的瑞香花（见图1.24），更是优雅高尚。它盛开的时候刚好在元旦和春节之间，只要有一盆安置厅堂之上，便可使满室生香。因此，它赢得了诸多芳名，如"瑞兰"、"野梦花"、"夺梦香"、"千里香"等。古人称其为睡香和瑞香，就是因为其蕴含着瑞气生香、新春吉祥之意，故称其为"瑞香"是最恰当不过了。

图1.23　茉莉

图1.24　金边瑞香

从上面例子不难看出，花香也有不同的类型。这主要是由于不同香花花瓣里所含的精油成分不同，所以不同种类的花散发出的香气也就不一样。而且，不同的香型所带来的美感也是不一样的。白兰花、茉莉花，香气浓郁；蜡梅花、水仙花，香气淡雅；含笑花、桂花，甜香四溢；栀子花、米兰，香气浑厚。

知识链接1-2

花香与保健

风清日丽的原野，有各种花儿在开放。馨香随着风拂面而来，使人心旷神怡，一切烦恼和疲劳均被抛至九霄云外。在有花草的环境中工作、学习，人的记忆力、理解力都会增强，效率会更高。

为什么花香会有这种奇妙的效果呢？我国传统医学认为：鲜花草木，以其色、香、味构成不同的"气"，对人的身心有治疗的功效。因而一些疗养院里广种花木，这不仅美化环境，还对人的身心健康大有裨益。

现代科学研究证明，各种花香由数十种挥发性化合物组成，其中就含有芳香族物质（酯类、醇类、醛类、酮类和萜类等物质）。这些物质能够刺激人们的呼吸中枢，从而促进人体吸进氧气，排出二氧化碳。充分的大脑氧供应，能够使人保持较长时间旺盛的精力。研究指出，花草繁茂的地方，空气中的阴离子特别多，它可以调节人的神经系统，促进血液循环，增强免疫力和机体活力等。

有人计算过，人在花丛中漫步1小时能呼吸1000升带有花味的空气，这些富含花味的空气对醒神健脑很有帮助。有些国家建立专门医院，利用花香治疗气喘、冠心病、高血压、神经症、精神病及流感等疾病，效果甚佳。近来，日本风行以鲜花的"气"来养心愈疾。而在我国古代，人们就对居室的花草树木有相当挑剔的选择，这不仅仅是一种文化取向，也是一种需要。

心理学家发现人的嗅觉对带有花味的空气十分敏感。花能够调节人的情绪，比如，丁香的气味使人沉静、轻松；紫罗兰和玫瑰花的气味使人心情愉快、舒畅。此外，花的各种色调能从视觉上给人以纯洁、高雅、愉悦的感觉。

"花疗"就是根据人们不同的身心需要，来选择不同的花卉品种，通过嗅觉与视觉调节人们的情绪与神经系统。如菊花、蔷薇、百合、香豌豆花等的香气，具有松弛神经、缓解精神紧张、解除身心疲劳等治疗神经系统疾病的功效。郁金香既可解除眼睛疲劳，又可消除烦躁。大波斯菊的香气特别适合"苦夏"的人们。剪下的鲜花也有同等的效力，当然时效要短一些。然而，同任何事物一样，过量则有害。若空气中花味过于浓郁，氧含量相对减少，反而刺激人们过度换气，使血液中氧含量降低，人们因此会出现头痛、头晕、恶心等症状。部分过敏体质的人，受到有些花粉的刺激，可能会出现过敏性哮喘、过敏性鼻炎等症状，应避免接触花粉。当然，对绝大部分人来说，置身于适量的花香中是很有益处的。

资料来源：佚名.花香与保健[EB/OL].(2009-05-26)[2015-06-15].
http://www.cnbg.net/inc/AArticleRead.aspx?ArticleID=347.

1.3.4 观赏植物的韵味美

观赏植物的韵味美，就是植物具有的一种比较抽象却极富思想感情的美。它是观赏植物各种自然属性美的凝聚和升华，体现了植物的风格、神态和气质，比起植物的自然美，更具有美学意义。观赏者只有欣赏到风韵美，才算真正感受到了植物之美。植物韵味美的形成比较复杂，它与民族的文化传统、各地的风俗习惯、文化教育水平、社会历史发展密切相关。我国具有悠久的历史文化，自古以来，对于千姿百态的植物，人们赋予了各种各样的精神意义，使植物的风韵美具有许多丰富而深邃的内涵。最为人们所熟知的松、竹、梅，被称为"岁寒三友"，具有战冰雪、顶寒霜的形象，象征着坚贞、气节和理想，代表着高尚的品质。梅、兰、竹、菊，被称为"花中四君子"。梅花（见图1.25），剪雪裁冰，一身傲骨；兰花，空谷幽香，孤芳自赏；竹子，筛风弄月，潇洒一生；菊花，凌霜自行，不趋炎附势。

不同的植物各有其独具的风韵。如文竹，体态轻盈，给人以文雅潇洒的感觉；含笑花，含而不放，予人以含蓄蕴藉之印象；翠竹，清瘦洒脱，可谓潇洒俊雅；菊花，性耐霜寒，清芬宜人，可谓坚贞高雅；水仙，青葱挺秀，幽香四溢，极为娟丽素雅；牡丹（见图1.26），雍容华贵，富丽典雅。在赏花时，把外形与气质结合起来，突出花的神态和风韵，大大增强了它的艺术魅力。因此，植物不再是没有任何意念的自然之物，而是大自然中隐喻着人之品格、人之精神、人之情感、人之愿望的最美丽的生命之花，是花与人、物与心的嵌合。

图 1.25 梅花

图 1.26 牡丹

总之，我们要继承和发扬观赏植物的韵味美，将其巧妙地运用于室内空间装饰，充分发挥观赏植物美对人们精神文明的培育作用。如一品红，开花期间适逢圣诞节，故又称"圣诞红"。它是一种能够代表多种含义的花卉，尤其是红而大的叶子，一副喜气洋洋的模样，好像正握着双手向人道贺。它是代表圣诞节的最佳花卉，在一些婚礼中，也可以看到红白两色一品红的装饰，代表着"我的心正在燃烧"；也可以作为求爱之用，把它当成礼物送人，一定能让对方遐想到身现礼堂的情景。

表1.2列举了一些常见室内观赏植物之花语，仅供参考。

表1.2　常见室内观赏植物及其花语

序号	植物名称	花　语	序号	植物名称	花　语
1	常春藤	青春常驻	21	红掌	大展宏图
2	合果芋	玲珑曼舞	22	富贵竹	吉祥富贵
3	兜兰	勤俭节约	23	瓜叶菊	喜悦快活
4	花叶芋	寻觅幸福	24	龟背竹	健康长寿
5	马拉巴栗	财源广进	25	山茶	天生丽质
6	滴水观音	好运旺来	26	金钱树	招财进宝
7	文竹	鸿鹄将至	27	火鹤	薪火相传
8	圆叶竹芋	吉祥长寿	28	人参榕	健康长寿
9	金橘	招财进宝	29	马蹄莲	永结同心
10	木茼蒿	期待的爱	30	毋忘我	永恒的爱
11	鹤望兰	自由幸福	31	牡丹	富贵吉祥
12	金钱榕	钱财广进，财源滚滚	32	蟹爪兰	锦上添花，红运当头
13	巴西铁	步步高升	33	火炬凤梨	红运当头，喜庆发财
14	猪笼草	财源广进	34	印度橡皮树	招喜添财
15	金边瑞香	瑞气盈门	35	蝴蝶兰	喜庆吉祥
16	四季橘	吉祥如意，大吉大利	36	大花蕙兰	雍容高贵，丰盛祥和
17	白掌	一帆风顺	37	长寿花	健康长寿
18	万年青	青春常驻，吉祥如意	38	仙客来	天真无邪、迎宾
19	中国水仙	高雅清逸	39	君子兰	君子之风
20	仙人掌	顽强不屈	40	香石竹	母爱

知识链接 1-3

红月季花花枝数寓意

1 朵：情有独钟	36 朵：我的爱只留给你
2 朵：成双成对	50 朵：无悔的爱
3 朵：我爱你	51 朵：我心中只有你
5 朵：爱你无悔	66 朵：真情不变
9 朵：彼此长相守，坚定的爱	99 朵：知心相爱，天长地久
10 朵：十全十美，完美的爱情	100 朵：百年好合，白头偕老
11 朵：一心一意的爱	101 朵：你是我唯一的爱
12 朵：圆满组合，心心相印	108 朵：求婚，嫁给我吧
20 朵：永远爱你，此情不渝	111 朵：爱你一生一世
21 朵：最爱	365 朵：天天爱你
22 朵：两情相悦，双双对对	999 朵：无尽的爱
33 朵：我爱你，三生三世	1001 朵：直到永远

资料来源：http://zhidao.baidu.com/question/466425270.html.

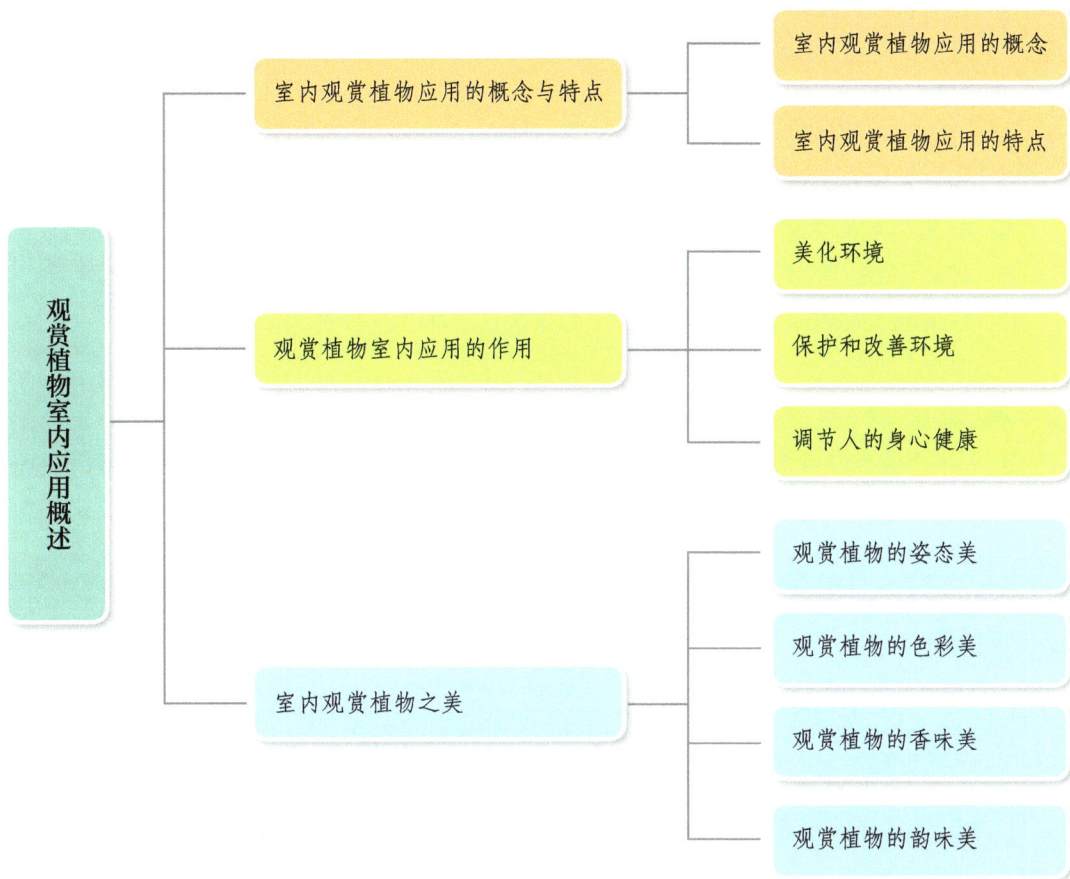

要点回放

观赏植物室内应用概述
- 室内观赏植物应用的概念与特点
  - 室内观赏植物应用的概念
  - 室内观赏植物应用的特点
- 观赏植物室内应用的作用
  - 美化环境
  - 保护和改善环境
  - 调节人的身心健康
- 室内观赏植物之美
  - 观赏植物的姿态美
  - 观赏植物的色彩美
  - 观赏植物的香味美
  - 观赏植物的韵味美

✎ **课后体验**

体验一 考一考

一、判断题

1. 红色花果能营造热情、兴奋的气氛。 ……………………………………… （　）
2. 白色花象征富贵。 …………………………………………………………… （　）
3. 黄色花象征纯洁，给人以清新的爱。 ……………………………………… （　）
4. 苏轼诗云："宁可食无肉，不可居无竹。"该诗句体现的是观赏树木的形态美。… （　）
5. 观赏植物具有吸收有毒气体、减弱噪声、阻滞尘埃等作用。 ……………… （　）

二、填空题

1. "岁寒三友"分别是_____、_____和_____。
2. "花中四君子"分别是_____、_____、_____和_____。
3. 观赏植物之美可概括为"_____、_____、_____、_____"四个字。

三、连线题

红月季花花枝数	寓　意
1	一心一意的爱
2	知心相爱，天长地久
9	彼此长相守，坚定的爱
11	无尽的爱
99	天天爱你
365	直到永远
999	情有独钟
1001	成双成对

体验二　想一想

四、简答题

1. 简述观赏植物室内装饰的主要作用。
2. 列举10种常见观赏植物及其花语。
3. 观赏植物通过哪些方面来改善和保护环境？

体验三　做一做

五、实训项目

实训项目1-1：根据下列节日，如春节、情人节、母亲节、父亲节、教师节、圣诞节，设计一组合盆栽送给××人，并选择代表上台说明组合盆栽选择的植物、搭配及其寓意。

1. **实训目标**

   通过实践训练，加深对观赏植物种类及其文化内涵的理解和掌握，同时培养审美情趣。

2. **实训组织**

   教师对学生进行分组，各组推选组长，由组长负责组织讨论，形成方案并确定代表人选上台讲解。

3. **实训要求**

   每组讲解时间3分钟，讲解形式不限。

4. **评价内容**

序　号	评价项目	分值（分）
1	植物选择与配置能力	60
2	团队合作能力	10
3	学习态度	10
4	汇报情况	20

第2章

室内观赏植物的识别

SHINEI GUANSHANG ZHIWU
DE SHIBIE

⊙ 学习目标

▶ 知识目标

1. 理解并掌握常见室内观赏植物的主要种类。
2. 掌握常见室内观赏植物的观赏特点及其对环境的作用。
3. 理解并掌握常见室内观赏植物的寓意。

▶ 技能目标

1. 能够正确识别常见的室内观赏植物。
2. 初步掌握应用室内观赏植物的能力。

C 引例

? 问题

观察上面这两张图片，然后回答下列问题：

1. 你知道图片中有哪些植物吗？
2. 这些观赏植物配置在一起有哪些优点或者不足之处？
3. 这两盆组合盆栽可以应用于哪些场所？

▮ 知识研修

　　室内观赏植物是指植物学家和园艺学家从浩瀚的植物宝库中筛选出来的、适宜在室内长期摆放和观赏的植物。常见室内观赏植物以观叶植物为主，应用频率较高的植物有绿萝、散尾葵、马拉巴栗、巴西铁、幸福树、龙血树、棕竹、金钱树、澳洲鸭脚木、螺纹铁、白鹤芋、花叶芋、常春藤、广东万年青、青叶碧玉、鸟巢蕨、铁线蕨等，这些植物大多耐阴性强、喜温暖，适合长时间在室内摆放和观赏。

2.1 室内观赏植物分类

2.1.1 根据室内观赏植物观赏特性分类

1. 观叶植物

观叶植物是指以叶片色彩、形状、质地为主要观赏对象的一类植物，也是目前室内应用最多的一类植物，可分为草本观叶植物和木本观叶植物。

草本观叶植物一般为中小型植物，多用于摆放在桌面上。其主要包括蕨类植物、天南星科、百合科、竹芋科、鸭跖草科、凤梨科、秋海棠科中大部分叶片有一定特色的属种。如常见的种类有肾蕨、鸟巢蕨、狼尾蕨、鹿角蕨、金钻（见图2.1）、花叶芋、花叶万年青、龟背竹、绿萝、秋海棠、亮叶朱蕉（见图2.2）、合果芋、白掌、虎尾兰、冷水花、椒草、网纹草、迷你型幸福树、铜钱草、福禄桐等。

图2.1 金钻

图2.2 亮叶朱蕉

在种类繁多的观叶植物中，有不少是以趣味性取胜的，其形态奇特，与人们印象中的植物叶子有很大差别，极具个性之美，在各种观叶植物中独树一帜。这些植物适合在窗台、飘窗、阳台、露台等处种植，不仅具有很好的装饰效果，还可以在闲暇时细细欣赏其独具特色的叶子，领略大自然之神奇。有些植株矮小，习性强健，是适合室内栽培的趣味观赏植物，用这些可爱的精灵可以把您的室内空间装扮得美丽而富有趣味。如弹簧草（见图2.3）、熊童子、黑法师、玉露、迷你龟背竹（见图2.4）、花叶芋等。

图 2.3 弹簧草

图 2.4 迷你龟背竹

木本观叶植物株形一般较高大，属于大中型室内观叶植物，多用于公共室内空间、家居环境中的客厅等较宽敞的建筑环境，如橡胶榕、垂叶榕、马拉巴栗、巴西木、南洋杉、幸福树、南天竹、变叶木等。

观叶类植物可通过其独特的叶形或特殊的叶色塑造出独特的室内氛围，中式观赏植物注重"观其叶，赏其形"。目前，室内观赏植物主要以观赏期长、易于养护的观叶植物为主。

2. 观花植物

观花植物是指以观赏花朵的色彩、形态、大小、质感为主的一类观赏植物，按季节可分为春花植物、夏花植物、秋花植物和冬花植物。如春花植物有牡丹、山茶（见图 2.5）、杜鹃、兰花、风信子、栀子花、君子兰、月季、郁金香、朱顶红、花毛茛（见图 2.6）、报春花等；夏花植物有茉莉、昙花、凤仙花、鸡冠花、半支莲、大花马齿苋、米兰、萱草等；秋花植物有菊花、葱兰、百日草、一串红、万寿菊等；冬花植物有水仙、蟹爪兰、长寿花、一品红、蜡梅、大花蕙兰、蝴蝶兰等。观花类植物可通过其花的特性给人以亮丽、鲜艳、活泼、沁香、温馨等美感。

图 2.5 山茶

图 2.6 花毛茛

常见的室内观花植物有中国兰（春兰、蕙兰、建兰、墨兰、寒兰）、洋兰（卡特兰、大花蕙兰、拖鞋兰、石斛兰、蝴蝶兰）、仙客来、含笑、茉莉花、君子兰、蟹爪兰、长寿花、中国水仙、长春花、朱顶红（见图 2.7）、菊花、勋章菊（见图 2.8）、栀子花、一串红、鸡冠花、半枝莲、凤仙花、昙花等，多数花香对人的健康有益。因此，观花植物既可以观赏，又可以调节人的身心健康。

图 2.7　朱顶红

图 2.8　勋章菊

室内观花植物一般选用大而艳丽的花。如果室内环境条件不佳，如通风不良、光线不足、湿度太低等，就会限制观花植物的正常生长。一般来说，观花类植物只有在花期才搬进室内进行装饰，花期过后再换其他的花卉品种。

知识链接2-1

中国兰鉴赏

中国兰简称国兰，通常是指兰属植物中的一部分地生种，为中国十大名花之一。常见有春兰、蕙兰、建兰、墨兰、寒兰等。每种兰的花期也不相同，墨兰春节开花，又称"报岁兰"；蕙兰又称"夏蕙"，通常在四五月份开花；四季兰的花期可从 7 月一直持续到 10 月；寒兰则在 12 月开放。

中国兰虽然花小也不鲜艳，但甚芳香，叶态优美，深受中国、日本和朝鲜等国人民的喜爱。中国兰以其花形和花色淡雅、朴素，以及幽香为特点，即所谓的君子之风，人们对其色、香、姿、形的欣赏有独特的审美标准。如瓣化萼片有重要观赏价值，绿色无杂为贵。中间萼片称为主萼片，两侧萼片向上翘起，称为"飞肩"，极为名贵；排成一字名"一字肩"，观赏价值较高；向下垂，则为"落肩"，不能入选。中国兰主要是盆栽观赏。

资料来源：陈春利，王明珍.花卉生产技术［M］.北京：机械工业出版社，2013：215.

3. 观果植物

观果植物是指其果实形状、大小或色泽具有较高观赏价值，或者以观赏果实部位为主的植物。用于室内装饰的观果植物一般具有果形奇异、色彩鲜艳、挂果期长等特点，并且这些植物大多可以用于盆景制作，达到果实跟树形一起观赏的效果，在室内应用时可以营造一种硕果累累、五谷丰登的室内景观。

常见的观果植物有盆栽佛手（见图2.9）、金橘、朱砂根、柠檬（见图2.10）、金弹子、南天竹、冬珊瑚、红果树、乳茄、石榴、五色椒、苹果、海棠等。

图2.9　佛手　　　　　　　　　　　图2.10　柠檬

4. 芳香植物

芳香植物是指植物体中能够散发出香味的观赏植物。自古以来，人们喜爱观赏花的姿色，更爱闻一闻那沁人肺腑的芬芳花香，常喜欢在阳台上栽植或在居室内摆放芳香植物。常见的芳香植物有栀子花、米兰（见图2.11）、茉莉、瑞香、金银花、含笑、蜡梅、桂花、碰碰香（见图2.12）、薄荷等。芳香类植物可刺激人的感官，摆放在室内空间中可以使人精神愉悦。

图2.11　米兰　　　　　　　　　　图2.12　碰碰香

经研究证明，有些花香除对疾病有一定的防治作用之外，还有许多惊人的功效。例如，水仙、荷花的香味能诱发人产生温馨缠绵的感情；玫瑰、罗兰的香味可使人身心爽朗、愉快；茉莉、丁香的香味可使人变得轻松文静，并能唤起人们美好的回忆；桂花、天竺葵花的香味可镇静人的神经，消除疲劳，促进睡眠；菊花、薄荷的香味可使人思维清晰，精力充沛。

　　多数花香是美好的，对人类有很多好处，但有的花香，人们若闻嗅过多则容易对健康造成一定的危害。如丁香的香味易引起气喘，使人心慌意乱，记忆减退；百合花的香味能导致亢奋，使人失眠；夜来香的香味也会使人过于兴奋。还有些花的香味，容易使一些人过敏。因此，千万不要因花香而常嗅。

　　5. 多肉植物

　　多肉植物亦称多浆植物、肉质植物，在园艺上有时称多肉花卉，但以多肉植物这个名称最为常用。多肉植物是指植物营养器官的某一部分，如茎、叶或根（少数种类兼有两部分）具有发达的薄壁组织用以贮藏水分，在外形上显得肥厚多汁的一类植物。目前，多肉植物已有上万个品种，主要有仙人掌科、景天科、番杏科、百合科、龙舌兰科、大戟科、萝藦科、西番莲科、薯蓣科、龙树科等。其中，以景天科和仙人掌科植物为多，它们大多生长在沙漠等干旱缺水地区。

　　多肉植物生态特殊，种类繁多，或叶片肥硕多汁，或外形憨态可掬，或体态清雅而奇特，或花色艳丽而多姿，颇富趣味性。多肉植物大多耐室内半阴、干燥环境，是理想的室内盆栽植物。目前，常用于室内的多肉植物有仙人掌、仙人球、仙人指、令箭荷花、昙花、蟹爪兰、山影拳、金琥、量天尺、燕子掌、黑王子（见图 2.13）、玉龙观音、石莲花、唐印（见图 2.14）、观音莲、黑兔耳、子宝、露娜莲、芙蓉雪莲、静夜、落地生根、长寿花、十二卷、芦荟、虎尾兰、龙舌兰、生石花、玉露等等。

图 2.13　黑王子　　　　　　　　　　图 2.14　唐印

　　多肉植物以其独特的造型，深受人们的喜爱，具有较高的观赏价值。如今，它已经成为室内装饰的新宠，越来越多的白领、老人和小孩选择多肉植物作为办公场所或者家居的装饰植物。

　　据报道，多肉植物对室内电脑、电视机、打印机的辐射具有较强的吸收能力。此外，多肉植物与一般植物不同的就是其夜间能够吸收二氧化碳，具有耐高温、干旱的习性和管理粗放的特点。因此，多肉植物最适合摆放在干燥、闷热的办公室和卧室，适合作为工作忙碌的上班族的家居装饰植物。

6. 蕨类植物

蕨类植物是一类特殊植物，它们不开花而是通过孢子繁殖；也是一类古老而不失雅韵，静默而不缺宠爱的植物。它们没有鲜艳夺目的花与果，但其千姿百态的叶形和青翠碧绿的色彩足以令人赏心悦目，养蕨更能获得心境之静，使我们的生活更富有情趣。

蕨类植物由于其具有耐阴、喜湿等特点和很高的观赏价值，现在也越来越多地应用到室内，用于盆栽观赏。常用的蕨类植物有肾蕨、铁线蕨（见图2.15）、狼尾蕨（见图2.16）、凤尾蕨、鸟巢蕨、鹿角蕨、翠云草、松叶蕨、卷柏、单叶贯众等。

图 2.15　铁线蕨

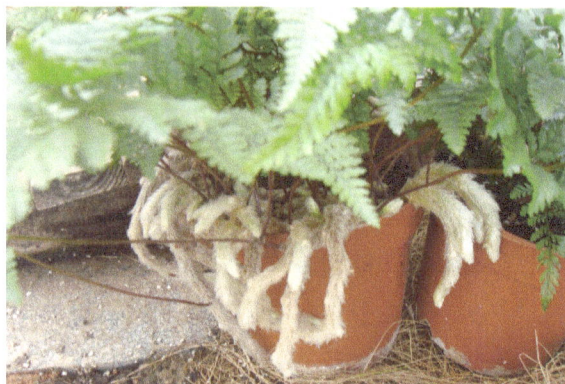

图 2.16　狼尾蕨

🔗 **知识链接 2-2**

蕨类植物的观赏特性

蕨类植物虽然没有鲜艳的花朵，但它们以其古朴、典雅、清纯、线条和谐而独树一帜。蕨类植物以其千姿百态、婀娜多姿的优美形态，青翠飘逸、变幻无穷的奇特叶形，精致雅丽、线条清晰的脉序，色彩鲜艳、造型独特的孢子囊群，深受人们喜爱。蕨类植物的观赏特性主要体现在其色彩美、形态美、风韵美及多样性美上。

1. 蕨类植物的色彩美

蕨类植物的色以纯朴为特色，也正是它的纯朴和自然吸引了远离大自然、久居喧嚣闹市的都市人。蕨类植物除了主流的绿色外，也蕴藏着色彩斑斓的一面。幼嫩蕨叶常常是展示丰富色彩的载体，不少蕨类幼叶具有从浅红到鲜红再到深红的各种色彩，如乌毛蕨属、狗脊蕨属、鳞毛蕨属和蹄盖蕨属等。有的蕨类幼叶呈现乳白、白色等色彩，如翠云草，以其叶色变幻而获得人们青睐。

2. 蕨类植物的形态美

蕨类植物的形为其他花卉所罕有，优雅、飘逸和恬静是其基本特色。蕨类植物格调清新，形态优美，是线条美的典范。蕨类植物的形态美主要体现在株形和叶形上。株形是蕨类植物的主要观赏要素。具长茎的蕨类植物，其挺直修长的单干撑着顶端丛生的巨大叶丛，宛如罗伞，高贵飘逸。

蕨类植物的叶形是多样的，在结构组成上也是多样的，从单叶到复叶，均有观赏韵味。单叶简洁，具不同的长、宽、弯曲程度，尤其叶片的姿态与其观赏价值紧密相关：直立叶具有刚劲之感；下垂叶飘洒优雅，常是悬垂种植的好材料。复叶组成复杂，结构精致、细腻。

3. 蕨类植物的风韵美

蕨类植物源于幽谷，隐于山野，生于林荫，性情淡泊，其性情与来源近于兰，但无兰之王者香。然而正是蕨类植物淡泊的性情、优雅的造型，给人以飘逸和恬静的深刻印象，无时不体现出其淡雅、飘逸的风韵。在书桌案头上摆设一盆青翠的铁线蕨，让人赏心悦目、心静如水。在客厅、庭园布置蕨类植物，营造幽深、恬静的氛围，让人有置身郊野之感，更显主人高雅的品位和淡泊的心智。

4. 蕨类植物的多样性美

蕨类植物种类多样，每一种都有自己的风格，具有不同的观赏特点，千姿百态，美不胜收，能满足人们不同的爱好需求。蕨类植物形体差异巨大，高度在1米到几厘米不等。叶的大小差异显著，从1~2毫米大小到长2米、宽70~80厘米均有。叶形更是千姿百态，有单叶、复叶、细裂、深裂或羽状。叶质差异大，有草质、膜质、纸质、革质。叶色多样，从翠绿到墨绿，不少叶面具有金黄色、银白色、红色条纹或斑点、斑块，更使蕨类植物增辉不少。蕨类植物生态习性多样，有生于干旱石壁的耐旱型，有生于荒地阳处的强光型，有生于树下的阴湿型，有附生于林中树干、石壁的附生型，还有生于水中的水生型，这些类型为不同环境的绿化提供了多样性的选择。蕨类植物的形态也是多样的，从直立的乔木状到匍匐的藤本状均有，形成了盆栽、吊篮、附石、庭园绿化、水境布置等各种栽培形式。

资料来源：匡丽红,秦华,杨慧.浅议蕨类植物的观赏特性及其在园林中的应用 [J].

现代农业科技，2006(17):59~60.

2.1.2　根据室内观赏植物大小分类

对于花木市场以及租摆公司来说，它们通常是根据观赏植物的株高和冠径来进行分类的。这样，同一种观赏植物由于株高的不同，可以归属到不同的类型。

1. 大型观赏植物

观赏植物高度达到1.8米以上，同时树冠直径在1.2米以上的称为大型观赏植物。常见的有马拉巴栗、苏铁、散尾葵、鸭脚木、香龙血树、巴西木、幸福树、棕竹、富贵竹、平安树、富贵竹笼等。虽然这些大型观赏植物气派、景观效果好，但由于运输管理不便、价格昂贵，大多以盆栽方式应用于大型的公共场所或宾馆大堂。

2. 中型观赏植物

观赏植物高度在0.8~1.8米，同时树冠直径在0.5米以上的称为中型观赏植物。常见的有非洲茉莉、橡皮树、绿萝、海芋、白鹤芋、螺纹铁、也门铁、万年青、朱蕉、变叶木、银皇后、合果芋、金钱树、春羽、龟背竹、虎尾兰等。这类盆栽可以自由搬运、管理方便，并且最具观赏价值，是最能表现花卉园艺师技艺手法的盆栽。

3. 小型观赏植物

观赏植物高度在 0.4~0.8 米的称为小型观赏植物。常见的有蝴蝶兰、大花蕙兰、兰花、仙客来、红掌、圣诞花、袖珍椰子、蟹爪兰、芦荟、长寿花、仙人掌、玉树、吊兰、常春藤等。这种类型的观赏植物，由于其精致、小巧、方便管养、价格便宜等特点，深受消费者喜爱，广泛应用于居室、写字楼、宾馆前台等。

4. 微型观赏植物

观赏植物高度在 0.4 米以下的称为微型观赏植物。目前，人们的居住环境越来越小，微型植物的盆栽由于其娇小玲珑、非常可爱，而且容易成型，在国内外逐渐流行起来。尤其是 15~20 厘米的小品盆栽，深受人们喜爱，如玉露、条纹十二卷、生石花、青叶碧玉等。

2.1.3 根据观赏植物净化空气能力分类

室内观赏植物对室内有害气体具有一定的吸收转化能力，可以减少污染，调节和改善室内环境。因此，当室内装修完成、空气污染严重时，除了用理化等方法净化空气外，还可以在室内摆放适宜的植物。这样不仅能使新室增辉，更能清除装修带来的污染。根据专家学者报道，不同的观赏植物能够吸收室内不同的有毒气体。

1. 吸收甲醛类的植物

虎尾兰、吊兰、芦荟、蕨类、常春藤、绿萝、马拉巴栗、绿宝石、散尾葵、鹅掌柴、孔雀竹芋、袖珍椰子、一叶兰、兰花、龟背竹等能够吸收室内一定量的甲醛类物质。

2. 去除苯及同系物的植物

去除苯及同系物的植物有虎尾兰、吊兰、常春藤、蕨类、袖珍椰子、绿萝、龟背竹、散尾葵、马拉巴栗、孔雀竹芋、元宝树、鹅掌柴、龙舌兰、千年木、黛粉叶、月季、橡皮树、扶桑、苏铁、芦荟、百合、非洲菊、红掌、菊花等。

3. 减少空气中氨气的植物

绿萝、马拉巴栗、散尾葵、孔雀竹芋、元宝树、榕树、海棠花、绿巨人、棕竹、无花果、蜡梅等能够减少空气中的氨气。

4. 吸收一氧化碳的植物

常见的能够吸收一氧化碳的植物有吊兰、绿萝、百合、松树盆景、散尾葵、鹅掌柴、虎尾兰、龙舌兰、元宝树等。

5. 吸收二氧化氮的植物

能够吸收二氧化氮的植物有洋绣球、文竹、秋海棠等。

6. 清除二氧化硫的植物

常见的能够清除二氧化硫的植物有常春藤、铁树、菊花、金橘、石榴、半支莲、月季花、山茶、石榴、米兰、雏菊、蜡梅、万寿菊等。

7. 其他功能植物

所有植物都能吸收二氧化碳，释放氧气，有的晚上也能释放氧气，如芦荟、龟背竹、仙人掌、观赏凤梨、蝴蝶兰、龙舌兰等。

知识链接2-3
绝大多数植物都对人体健康有益，少数植物对人体有害

根据有关资料显示，在家庭栽种的常见368种花卉中，97%对人体健康有益，特别是含有香气的花卉，可以帮助人们防治疾病，例如白兰花、白菊花有清除肺热的功能，玫瑰花、桂花有提神醒脑的功效。但也有一些植物会产生有毒物质，对人健康有影响，甚至造成危害，如丁香久闻会引起烦闷气喘，影响记忆力；夜来香夜间排出的气体会使高血压、心脏病患者感到郁闷；含羞草经常接触可能导致脱发；误食万年青，会损害声带；郁金香含毒碱，连续接触两小时以上会头晕；一品红、虎刺梅、变叶木、玻璃翠等植物体含有有毒物质，会伤害眼睛、皮肤，甚至会导致癌症；等等。

2.1.4　根据观赏植物生长习性分类

由于受原产地气象条件及生态遗传性的影响，在系统生长发育过程中，室内观赏植物形成了基本的生态习性，即要求较高的温度、湿度，不耐强光。但由于室内观赏植物种类繁多，品种极其丰富，且形态各异，所以，它们对环境条件的要求又有所不同。

1. 根据温度要求分类

由于栽培条件的差异，引种驯化时间的长短不同，室内观赏植物对低温反应的敏感也有所区别。一般来说，冬季低温来临前都应注意做好防冬御寒工作。根据对越冬温度的不同需求，室内观赏植物可分为以下三种类型。

（1）耐寒室内观赏植物。能耐冬季夜间室内3~10℃的室内观赏植物，常见的有幸福树、马拉巴栗、朱砂根、吊兰、常春藤、虎尾兰、春羽、龟背竹、海芋、美丽针葵、棕竹、苏铁等。

（2）半耐寒室内观赏植物。能耐冬季夜间室内10~16℃的室内观赏植物，常见的有君子兰、杜鹃、巴西木、螺纹铁、也门铁、非洲茉莉、文竹、鹅掌柴等。

（3）不耐寒室内观赏植物。要求室内温度达到6~20℃才能正常生长的室内观赏植物，常见的有散尾葵、红掌、变叶木、一品红、凤梨类、合果芋、豆瓣绿、竹芋类、袖珍椰子、观叶海棠、龙血树、万年青、白鹤芋等。

2. 根据水分要求分类

室内观赏植物除多肉多浆类比较耐干燥外，大多数在生长期都需要比较充足的水分。根据对水分的不同需求，室内观赏植物可分为以下三种类型。

33

（1）高湿植物。需要高湿度（相对湿度在60%以上）的植物，常见的有绿萝、滴水观音、喜林芋类、花叶芋、红掌、白鹤芋、龟背竹、金钱树、竹芋类、春羽、合果芋、凤梨类等。

（2）中等湿度植物。需要中等湿度（相对湿度为50%~60%）的植物，常见的有散尾葵、螺纹铁、也门铁、袖珍椰子、夏威夷椰子、马拉巴栗、幸福树、虎尾兰、龙血树、万年青等。

（3）较低湿度植物。需要较低湿度（相对湿度为40%~50%）的植物，常见的有苏铁、平安树、鹅掌柴、橡皮树、棕竹、美丽针葵、变叶木、非洲茉莉、人参榕、朱蕉、文竹、杜鹃等。

3. 根据光照要求分类

不同的观赏植物其生长地环境不同，因此在生长过程中对光照的需求也不相同。室内观赏植物跟室外植物类似，根据其对光照的不同需求，可分为以下三种类型。

（1）阳性植物。阳性植物是指在全光照强度下生长健壮，在庇荫或弱光条件下生长不良或死亡的一类植物。该类植物常见的有：变叶木、人参榕、朱蕉、苏铁、花叶鹅掌柴、仙人掌类、景天类、鸭趾草类等。

（2）耐阴植物。该类植物在阳光下生长得较好，但也能够忍耐一定程度的遮阴。常见植物有：橡皮树、常春藤、杜鹃、虎尾兰、马拉巴栗、幸福树、平安树、也门铁、鹅掌柴、美丽针葵、花叶万年青、龙血树、金钱树、吊兰、散尾葵、袖珍椰子、棕竹、螺纹铁、非洲茉莉、凤梨科大部分品种等。

（3）阴性植物。阴性植物是指在弱光下比在全光照下生长得好，也就是耐阴能力较强的一类植物。该类植物适合室内散射光条件生长，常见植物有：绿萝、白鹤芋、合果芋、花叶芋、孔雀竹芋、龟背竹、喜林芋类、蕨类等。

2.2　常见室内观赏植物的识别

常见室内观赏植物的观赏特点与摆放技巧、功能与寓意如表 2.1 所示。

表2.1　常见室内观赏植物的识别

名　称	观赏特点与摆放技巧	功能与寓意	示例图片
马拉巴栗 / 发财树 （木棉科）	树形似伞，基部膨大。茎干数枝编辫，造型别致。叶掌形，四季青翠，富有南国情调，名字大吉大利，是非常流行的室内观叶植物。有单干大型盆栽、编辫大型盆栽和小型盆栽。 树形很容易让人产生凝聚、团结、力量的震撼感觉，可放在客厅和书房，体现宁静的中式风格；也可置于电视机的旁边，体现爱环保和爱健康的风格。	可调节室内湿度，有效吸收 CO、CO_2，可净化烟草燃烧产生的废气，起到净化室内空气的作用，被称为室内"绿色净化器"。 寓意：吉祥如意，财源滚滚，前程似锦，招财进宝，财源广进。	
澳洲鸭脚木 / 大叶伞 （五加科）	株形优雅轻盈，翡翠掌状叶片阔大、柔软下垂，为优良大型室内观叶植物。 一般多用在大厅、转角、室内造景等地点，是大空间中不可缺少的主景树。	叶片光合作用强，释放大量氧气，吸收尼古丁和其他有害物质，特别是给吸烟家庭带来新鲜的空气。 寓意：生财有道。	
鹅掌柴 （五加科）	掌状复叶，叶片浓绿有光泽，株形丰满优美，是室内优良的大中型盆栽观叶植物。 大型盆栽，适用于宾馆大厅、图书馆的阅览室和博物馆展厅摆放，呈现自然和谐的绿色环境。 中型盆栽，适用于客室、书房，呈现浓厚的时代气息。	能有效清除甲醛和烟味中的尼古丁及其他有害物质，并经过光合作用转化成自身物质。 寓意：自然，和谐。	

续表

名　称	观赏特点与摆放技巧	功能与寓意	示例图片
菜豆树/幸福树（豆科）	树姿优雅，树干通直挺拔，茂密青翠，树叶伸展而稍下垂，朴素中透露着刚毅的美，充满活力朝气。	具有吸收一些有害气体、净化空气的作用，同时增加空气中负离子含量，提高空气湿度。 寓意：家居幸福美满。	
金钱榕/圆叶橡皮树（桑科）	叶色翠绿，枝叶繁密，叶形似铜钱。 大中型盆栽，可用于室内装饰，如宾馆前厅、剧院前厅、大商场入口、办公室等；也可用于居室装饰，可置于客厅墙边、墙角、沙发两边。	高效的空气净化器，对多种有害气体，如二氧化硫、氯气、氟化氢的抵抗力特强。 寓意：钱财广进，财源滚滚，荣华富贵。	
观音棕竹（棕榈科）	株丛刚劲挺拔，叶青秆直，相聚成丛，扶疏有致，四季常绿，富有热带风韵的阴生观叶植物。 小型盆栽，可装饰室内厅堂、书房、走廊和楼梯拐角等处，犹如进入林中仙境。 大型盆栽，适宜在会场、宾馆、酒楼和商厦等公共场所摆放，颇为雅致美观。	净化空气，消除重金属污染，并对二氧化硫污染有一定的抵抗作用。 寓意：辟邪，保居室平安。	

名　称	观赏特点与摆放技巧	功能与寓意	示例图片
散尾葵 （棕榈科）	植株高大，株形婆娑优美，枝条开张，叶片披垂碧绿，姿态洒脱，是著名的热带观叶植物。 在我国北方，其盆栽是布置会议室、客厅、餐厅、书房的高档室内观叶植物。	最好的天然"增湿器"，同时对二甲苯和甲醛有十分有效的净化作用。 因其叶片向四面呈散射状生长，被视为事业"四面腾达"的象征。	
苏铁 （苏铁科）	树形古雅，主干粗壮，坚硬如铁，羽叶洁滑光亮，四季常青。 为北方珍贵室内观赏树种，常用于布置客厅。	对二氧化氮、苯的吸收能力较强，对甲醛、二甲苯也能吸收分解。 寓意：坚贞不屈，坚定不移，长寿富贵，吉祥如意。	
巴西铁 / 香龙血树 （龙舌兰科）	颇为流行的室内大型观叶植物，茎干挺拔、枝叶生长层次分明，错落有致，造型优美；是一种株形优美、规整、世界著名的新一代室内观叶植物。 适合于较宽阔的客厅、书房、起居室内摆放，格调高雅、质朴，并带有南国情调。	能够吸收二氧化碳、二甲苯、苯、甲醛、氟化氢、含重金属的有毒气体，以及放射性物质和烟尘、粉尘等，可释放杀菌物质。 寓意：喜乐平安，步步高升。	
富贵竹 （龙舌兰科）	四季常绿，叶片浓绿，茎干挺拔优雅，姿态潇洒，富有竹韵。品种有绿叶、银边、金边、银心，观赏价值高，是一种良好的室内盆栽观叶植物，是更适合卧室布置的健康植物。常见的有大型富贵竹笼、富贵竹塔、小型盆栽和水培植株。	适合摆放在卧室的健康植物，可以帮助不经常开窗通风的房间改善空气质量，具有消毒功能。尤其是在卧室，富贵竹可以有效地吸收废气，使卧室的私密环境得到改善。 寓意：富贵吉祥，开运生财，节节高升。 象征：大吉大利。	

续表

名　称	观赏特点与摆放技巧	功能与寓意	示例图片
剑叶铁树 （龙舌兰科）	叶大而繁密，叶色美丽，优雅时尚，是观叶佳品，可使室内环境别具一格。 非常适合摆放在办公室，布置时宜低放，可置于墙角、窗边、书桌边、沙发旁等处；也可作为小盆栽，陈设于桌案、窗台上。	叶片和根系能吸收二甲苯、甲苯、三氯乙烯、苯和甲醛，并将其分解为无毒物质，可有效净化室内空气。 寓意：青春永驻，清新悦目。	
印度橡皮树/印度胶榕 （桑科）	形态优美，叶片肥厚而绮丽、宽大美观且有光泽，红色的顶状似浮云，托叶裂开后恰似红缨倒垂，颇具风韵；是著名的盆栽观叶植物，极适合室内美化布置。 中小型植株常用来美化客厅、书房；中大型植株适合布置在大型建筑物的门厅两侧及大堂中央，显得雄伟壮观，可体现热带风光。	橡皮树是消除有害植物的多面手。对空气中的一氧化碳、二氧化碳、氟化氢等有害气体有一定抵抗作用，还能消除可吸入颗粒物污染，对室内灰尘能起到有效的滞尘作用。 象征：稳重，诚实，信任。 寓意：万古长青，吉祥如意。	
金钱树 （天南星科）	株形优美、规整，叶色浓绿，质地厚实，若将数株合栽于盆中，则显示出一种蓬勃向上的生机、葱翠欲滴的活力；是颇为流行的室内大型盆栽植物，尤其适合在较宽阔的客厅、书房、起居室内摆放，格调高雅、质朴，并带有南国情调。	能够吸收甲醛、苯、烟尘等有害物质，杀灭空气中的病菌，增加空气中负氧离子。 寓意：招财进宝，荣华富贵。	

名　称	观赏特点与摆放技巧	功能与寓意	示例图片
绿萝 / 黄金葛（天南星科）	茎干细软，叶片心形娇秀，宛如翠色浮雕。色彩明快、极富生机，摆放于柜顶，任其蔓茎从容下垂，给居室平添融融情趣。常见的有大型绿萝柱、小型盆栽垂吊及水培植株。	改善空气质量，调节空气湿度，消除氨气、甲醛、苯、三氯乙烯、尼古丁等有害物质和油烟。寓意：坚韧善良，守望幸福。象征：希望和力量。	
吊兰（百合科）	叶色青翠，匍匐枝从植株基部舒展直下，先端小叶高傲地翘起，似展翅仙鹤，浪漫情调油然而生，是一种较为理想的室内悬垂观叶植物，适合家庭养殖。常见栽培的变种有银边吊兰、金边吊兰、金心吊兰等。	室内空气的绿色净化器，能吸收甲醛、尼古丁等有毒气体，还能杀灭细菌和夜晚放氧。寓意：朴实，纯洁，淡雅，希望，舞动于半空的精灵。	
常春藤（五加科）	枝叶轻柔，茎蔓披挂，随风飘逸，轻盈潇洒，具气生根，是一种株形优美、规整、世界著名的新一代室内观叶植物。常见栽培品种有中华常春藤、金边常春藤等。	是目前吸收甲醛最有效的室内植物，同时还可以吸收苯、苯酚等有毒有害物质和微粒灰尘，净化室内空气。寓意：青春常驻，无限青春。	
吊竹梅（鸭跖草科）	形态优雅，婀娜多姿，枝叶披散飘逸，叶片色彩娇艳，四季不凋，为室内垂吊植物。	能吸收甲醛，对氯气抗性较强。寓意：朴实，淡雅。	
猪笼草（猪笼草科）	一种热带食虫植物，具有一个独特、美丽的捕虫笼，即叶笼，具有极高的观赏价值，特别引人注目和好奇。常用于吊盆观赏，点缀室内花架，十分优雅别致。	具有驱除蚊虫的功效。寓意：辟邪驱祟。	

续表

名　称	观赏特点与摆放技巧	功能与寓意	示例图片
铁线莲 （毛茛科）	枝叶扶疏，风趣独特，品种丰富，叶形多变，花形多而美丽，花色丰富，花期较长，具有较高的观赏价值，是室内攀缘绿化的好材料，享有"藤本花卉皇后"之美誉。 盆栽用于美化家居环境。	观赏价值高，美化家居环境。 花语：高洁，美丽的心。	
海芋／滴水观音 （天南星科）	株形挺拔洒脱，叶青翠欲滴，花似观音娘娘，果如串串佛珠，叶柄似"千手观音"，具有很高的观赏价值。可作为各种大小盆栽，用于室内观赏。	能够吸收室内的甲醛、苯等污染物，清除空气中的灰尘。 寓意：志同道合，内蕴清秀。 花语：希望，雄壮之美。	
龟背竹 （天南星科）	植株较大，造型优雅，叶片疏朗美观，是一种非常理想的室内观叶植物。可作为大型盆栽，陈设于厅堂或书房一隅。 另有迷你龟背竹，心形叶片上有许多不规则的空洞，似被昆虫啃噬，奇特而有趣，可作为中小型盆栽或吊盆，装饰客厅、卧室、书房。	具有清除甲醛，夜间吸收二氧化碳，改善空气质量的功能。 寓意：健康长寿。	
春羽／裂叶喜林芋 （天南星科）	极好的室内喜阴观叶植物。株形优美，叶片巨大，呈粗大的羽状深裂、浓绿、富有光泽，叶柄长而粗壮，气生根极发达、下垂。	具有较强的吸收苯、三氯乙烯和甲醛的能耐，又能提高室内空气湿度。 寓意：喜庆，祥和。	

名　称	观赏特点与摆放技巧	功能与寓意	示例图片
非洲茉莉 （马钱科）	株形丰满，枝条色若翡翠，叶片革质、碧绿青翠，观赏价值高，是近年流行的室内观叶植物。	产生的挥发性油类具有显著的杀菌作用，可使人放松，有利于睡眠，还能提高工作效率。 寓意：朴素自然，清静纯洁。	
平安树/兰屿肉桂 （樟科）	树形端庄、优美，叶片较大、厚革质、对生，叶面亮绿色，有金属光泽，是优美的大型盆栽观叶植物。	植株体内富含桂皮油，能散发出矫正异味、净化空气的香味。 寓意：祈求平安，合家幸福，万事如意。	
螺纹铁 （百合科）	叶片青翠，盘旋而上，姿态端庄秀丽，多株组栽后更是翠绿挺拔，具有极高的观赏价值，是一种常见的室内观赏植物。	制造氧气，净化空气，增加湿度，吸收辐射。 寓意：坚韧，吉祥。	
鹤望兰 （芭蕉科）	姿态端庄大方，花朵娇艳、妩媚，天蓝色的花蕊、艳丽的橙黄色花萼，衬托在紫色的苞片之上，颇似仙鹤昂首遥望之姿。 品种繁多，多作为盆栽摆放在宾馆、接待大厅和会议室等处，具清新、高雅之感。	净化空气，增加环境湿度。 象征：自由，吉祥，幸福。	

续表

名　称	观赏特点与摆放技巧	功能与寓意	示例图片
兰花 （兰科）	清雅别致，色香并美。花开时，一枝在室飘香满室，幽香清远；无花时，叶片优雅，参差交错，婀娜多姿，是室内陈设绝好的极品。 兰花的欣赏与评价主要从五个字进行："香、色、姿、韵、型"。	具有极强的净化功能，能吸收室内空气中的甲醛、一氧化碳、苯等，还能吸滞烟尘，增加空气中的负离子浓度等。 寓意：高尚，正气，淡泊，高雅，纯洁，富贵，长寿等。	
君子兰 （石蒜科）	植株文雅俊秀，叶片碧绿光亮，犹如着蜡，晶莹剔透，光彩照人。花朵向上，形似火炬，端庄大方，娴雅娇美。"不与百花争炎夏，隆冬时节始出花。" 气质高贵，有才而不骄，得志而不傲，有君子之风。	净化功能强，对硫化氢、二氧化碳、一氧化碳、烟雾有很强的吸收能力。夜间具有吸收二氧化碳、释放氧气的功能，是室内的"氧吧"。 象征：高雅，丰盛，延年益寿，繁荣昌盛，幸福美满。	
米仔兰 （楝科）	植株秀丽，枝叶茂密，叶色葱绿光亮，花很小、黄色似小米，花序密，花期长，花香似兰。 米兰盆栽可陈列于客厅、书房和门廊，清新幽雅，舒人心身。	散发着淡淡清香的天然"清道夫"，可以去除空气中的有害物质。放在居室中可吸收空气中的二氧化硫和氯气，净化空气。 寓意：有爱，生命就会开花。	
蝴蝶兰 （兰科）	花形奇特，色彩艳丽，如彩蝶飞舞，形态娇美，风姿绰约，仪态万千，素有"兰之皇后"之美称。 摆放于室内，典雅大方，平添喜庆、繁荣富足的气氛，给人以美的享受。	在夜间对二氧化碳有良好的吸收作用。 寓意：忠诚，智慧，理性，美德。 象征：富贵，吉祥，喜庆。 花语：幸福逐渐到来。	

名　称	观赏特点与摆放技巧	功能与寓意	示例图片
大花蕙兰 （兰科）	植株挺拔，花茎直立或下垂，开花成串，花大色艳，花姿粗犷，品种繁多。 主要用作盆栽观赏。适用于室内花架、阳台、窗台摆放，彰显典雅豪华，有较高品位和韵味。如多株组合成大型盆栽，适合于宾馆、商厦、车站和空旷厅堂布置，气派非凡，惹人注目。	可以吸收和分解空气中的有毒气体，能起到净化空气的作用。 摆饰于厅堂，视为迎春接福的象征。 寓意：雍容高贵，丰盛祥和。	
兜兰／拖鞋兰 （兰科）	株形娟秀，花形奇特，花朵唇瓣呈口袋形，花色丰富，花大色艳，花期长，是极好的高档室内盆栽观花植物。	改善空气质量，增加环境湿度。 花语和象征：美人，勤俭节约。	
石斛兰 （兰科）	花姿优美，色彩鲜艳，每朵花的观赏期可达数周之久。	具有杀菌、改善环境的作用。 谐音为"是福"，寓意幸福、福气、吉祥。 在西方，常被视为父亲节之花，表示坚毅和勇敢。 花语：吉祥，祝福，纯洁。	
文心兰／舞女兰／金蝶兰 （兰科）	植株轻巧、潇洒，花茎轻盈下垂，花朵奇异可爱，极富动感，每朵花看似飞翔的金蝶，又似翩翩起舞的少女，观赏价值很高。	美化环境，改善空气质量。 花语：美丽，活泼，飞跃的情绪。 象征：快乐无忧，忘却烦忧。	
水塔花 （凤梨科）	一种观赏性很强的观花观叶植物。叶片青翠而有光泽，端庄秀丽。花期长，柱形的红穗状花序从嫩绿色叶筒中心抽生，似火炬，神奇美妙，极为雅致。	夜晚能吸收大量二氧化碳，能增加室内负离子浓度，净化室内空气，清新宜人。 象征：完美，聚财纳福。 花语：红运当头，财源广进。	

43

续表

名　称	观赏特点与摆放技巧	功能与寓意	示例图片
一品红／圣诞花（大戟科）	苞叶独特，通红似火。盆栽装饰室内，铺红展翠，娇媚动人，满堂生辉，呈现热烈、欢乐的节日气氛。需要特别注意的是，一品红全株有微毒，应远离幼儿，防止其误食。	对氟化氢等气体抗性较强。以盆栽一品红赠送老人，包含祝福老当益壮、健康长寿之意。寓意：普天同庆，喜气红火。	
花烛／红掌（天南星科）	一种代表喜庆红火的花卉。植株小巧玲珑，叶深绿有光泽，花犹如一只伸开的、富有光泽的红色手掌，在掌心托起一根金黄色或橙红色如火烛般的肉穗，非常醒目惹眼，如浴火之凤，动人心魄。适合摆放于领导办公桌上。	能够调节室内空气湿度，吸收有害气体（苯、三氯乙烯等），具有净化空气的作用。"红"与"宏"同音，"掌"与"展"谐音，故红掌又有宏图大展、红运当头之寓意。象征热情、豪放。	
马蹄莲（天南星科）	叶片青翠碧绿，苞片硕大，形状奇特，花朵美丽，春秋两季开花，花期长，是装饰客厅、书房的良好的盆栽花卉，现已成为常见的家居装饰盆栽花卉。一盆马蹄莲摆放在家里，是一道靓丽的风景，同时具有圣洁寓意的马蹄莲也显示出主人对美丽的追求、对花卉的品味。	具有分解毒素、吸尘减噪、调节室内温湿度、调节室内小环境等作用，令居室环境清新洁净，改善居室或办公环境。花语：永恒，优雅，高贵，希望，纯洁的友爱，气质高雅，春风得意。	
白掌（天南星科）	叶色常青，苞片洁白，似双掌合十，又似白鹤翘首，真是妙趣横生，极富观赏性，是优良的观叶植物。栽培品种绿巨人，由于株形硕大，更引人注目，广泛应用于室内。	抑制人体呼出的废气（如氨气和丙酮）的"专家"，可过滤空气中的苯、三氯乙烯和甲醛，增加室内空气湿度和负离子浓度。洁白苞叶似绿水面上白舟扬帆，故有一帆风顺之寓意，勉励人生进取，事业发达。	

名　称	观赏特点与摆放技巧	功能与寓意	示例图片
仙客来 （报春花科）	株形美观，花叶共赏，花形别致，花朵娇艳夺目，烂漫多姿，观赏价值很高，是冬春时节的名贵室内盆栽观花植物。 适合点缀于有阳光的几架、书桌上。在客厅或案头摆上一盆仙客来，顿觉满室生辉，平添无穷乐趣。	净化空气，能吸收二氧化硫，并经过氧化作用将其转化为无毒或低毒的硫酸盐等物质，过滤灰尘，增加空气湿度。 寓意：喜迎贵客，好客。 花语：天真无邪。	
龙船花 （茜草科）	株形美观，花叶秀美，开花密集，红红火火、热情奔放，是重要的盆栽观花植物。 特别适合摆放于窗台、阳台和客厅，团状的花朵具有稳重感和整体的豪迈感。	民间认为它一种能够避邪纳福、保家庭安康的吉祥植物。 花语：争先恐后。	
宝莲灯花 （野牡丹科）	近几年才出现的一种时尚花卉，既可观叶，又可赏花。株形优美，灰绿色的叶片宽大、厚重、粗犷，花朵初看宛如宫灯，细看又楚楚动人，似风铃的花序从主干垂下，超凡脱俗，被誉为"美梦之花"。 盆栽宝莲灯花最适合摆设于宾馆、厅堂、商场橱窗、别墅客室中，既能美化环境，又能提醒人们保持愉悦平和的心情。	美化环境，改善空气质量。 花语：吉祥，平安。	
大岩桐 （苦苣苔科）	叶肥厚翠绿，花大色艳，且带丝绒光泽，雍容华贵，花期长，是装饰室内及窗台的理想盆栽，节日期间摆放于室内，更添欢乐的气氛。 代表欣欣向荣的追求精神，拥有典雅端庄的气质。	具有净化空气的功效。 花语：欲望，华丽之美。	

续表

名　称	观赏特点与摆放技巧	功能与寓意	示例图片
茉莉花 （木犀科）	叶色翠绿，花色洁白，香味浓厚，点缀室内，清雅宜人，为常见盆栽观赏芳香花卉。"芬芳美丽满枝丫，又香又白人人夸"、"一卉能熏一室香"。	具有杀菌、抑菌作用，还能使人精神愉快，有利睡眠。 寓意：清纯，贞洁，质朴，玲珑。	
瑞香 （瑞香科）	树姿优美，树冠圆形，条柔叶厚，枝干婆娑，花繁馨香，是我国传统名花，也是世界名花。其品种还有金边瑞香。春节前后开花，满枝一团团、一簇簇，繁花似锦，清香浓郁，为新春增添祥瑞之兆。	具有杀菌、净化空气的作用。 象征：吉祥，吉利。	
百合类 （百合科）	种类繁多，花色艳丽丰富，花形典雅大方，姿态娇艳并因品种而异，花朵皎洁无瑕、晶莹雅致、清香宜人。数九寒天里在居室内放上一盆鲜花，顿觉春意盎然，花香四溢！	具有净化空气中的烟尘的作用。 寓意：百年好合，合家欢乐，和和美美，和气生财。 白色百合的含义：纯洁，庄严，心心相印。	
月季 （蔷薇科）	茎干低矮，刺大，花大，花色丰富，叶片平展光滑，花容秀美，色彩艳丽，芳香馥郁。品种繁多，花色丰富，盆栽宜摆放于阳光充足的阳台。	"月季蔷薇肚量大，吞进毒气能消化"，能够较多地吸收二氧化硫、硫化氢、苯酚、乙醚等多种有害气体，净化功能强，同时还能释放出挥发性香精油，能杀死细菌。 代表：坚韧不屈的精神。 寓意：幸福，光荣，美艳长新。	

名　称	观赏特点与摆放技巧	功能与寓意	示例图片
茶花 （山茶科）	树姿端庄高雅，花繁叶茂，叶色浓绿光亮，花大色艳，花期长，品种非常丰富，是中国传统十大名花之一，也是世界名花之一。开花于冬春之际，适逢元旦、春节。郭沫若盛赞曰："茶花一树早桃红，百朵彤云啸傲中。"盆栽可摆放于厅堂。	对二氧化碳吸收能力很强，对二氧化硫、硫化氢、氯气、氟化氢等有害气体抗性强。 花语：天生丽质，可爱，谦让，魅力。 象征：平安。	
杜鹃花 （杜鹃花科）	枝繁叶茂，绮丽多姿，花叶俱美，开花时灿烂夺目，平添欢乐气氛。萌发力强，耐修剪，根桩奇特，是优良的盆景。 盆栽杜鹃应选择株形矮小、花色艳丽的品种，宜布置于客厅、书房。	净化功能强，对二氧化硫、一氧化氮、二氧化氮等抗性强。 花语：高贵，喜庆。	
牡丹 （芍药科）	牡丹色、姿、香、韵俱佳，花大色艳，花姿绰约，芳香浓郁，韵压群芳，且品种繁多，素有"百花之王"、"国色天香"的美称。 春节期间在客厅摆放盆栽牡丹，象征着家庭欢乐和谐、幸福美满。	可用于监测室内环境中臭氧、二氧化硫等有害气体的含量。 象征：富贵，吉祥，幸福，繁荣。 花语：圆满，浓情，富贵。	
栀子 （茜草科）	枝叶繁茂，四季常青，花香素雅，绿叶白花，格外清丽可爱。	对二氧化硫的吸收能力强，对氟化氢、氯气、臭氧的抗性强，也具有吸滞粉尘的功能。 寓意：坚强，永恒的爱。	
四季秋海棠 （秋海棠科）	植株低矮，枝繁叶茂，叶色娇嫩光亮，花期长，从秋到春，美丽娇艳，妖媚动人，是常用的室内装饰盆花。	对过氧酰基硝酸酯抗性强，对二氧化氮、二氧化碳、臭氧敏感，可起监测作用。 寓意：相思，深爱。 花语：呵护。	

续表

名 称	观赏特点与摆放技巧	功能与寓意	示例图片
丽格海棠 （秋海棠科）	株形紧凑，枝叶翠绿，花大色艳，色彩丰富，花期很长，其枝叶、花蕾、花序、花朵均有很高的观赏价值，是冬、春季美化室内环境的重要花卉，也是国际十大盆花之一。	能够净化空气，美化环境。 花语：娇嫩，完美，和蔼可亲。	
斑叶竹节秋海棠 （秋海棠科）	因茎干似竹而得名。挺拔俊秀的茎干，殷红剔透、红润饱满的花朵，成簇下垂、银星点点的叶片，姿态优美艳丽，有一种低调而迷人的华美。	装饰室内，美化环境。 花语：呵护，清高。	
天竺葵 （牻牛儿苗科）	枝叶繁密，四季翠绿，初冬至夏季竞相开放，鲜艳夺目，异常热闹，是一种常开不败的花卉，已成为美国三大盆花之一。 盆栽宜作室内装饰。	具有净化空气和驱蚊等作用。 天竺葵的花语：偶然的相遇，幸福就在你身边。 红色天竺葵的花语：你在我的脑海挥之不去。 粉红色天竺葵的花语：很高兴能陪在你身边。	
长春花 （夹竹桃科）	姿态优美，花色丰富，花繁叶茂，花期特长，适合盆栽观赏。	能够美化环境，净化空气。 寓意：快乐，回忆，青春常在，坚贞。	
倒挂金钟 （柳叶菜科）	花形奇特而美丽的花卉，花期长，开花时，垂花朵朵，婀娜多姿，如悬挂的彩色灯笼。 盆栽适用于客室、花架、案头点缀。	能够美化环境，净化空气。 花语：热烈的心。 象征：大吉大利，旺财催运。	

名　称	观赏特点与摆放技巧	功能与寓意	示例图片
蒲包花 / 荷包花（玄参科）	花形奇特，色泽鲜艳，花期长，观赏价值很高，是冬、春季重要的盆花，也是室内盆花的新秀。适合摆放在书案或几架上，好看又旺财。	可以起到美化室内环境、调节心情的作用。花语：援助，富有，富贵。象征：钱包鼓鼓，财运亨通。	
中国水仙（石蒜科）	凛冬绽放，叶如碧玉簪，花色莹白纯洁，芳香宜人。水养一盆摆放于客厅茶几或者书房处，可以营造高贵大气或恬静舒适的氛围。	可以吸收室内的噪声、废气，释放出清新的空气。象征：平和，飘逸，淡雅。花语：敬意。	
福禄桐（五加科）	茎干挺拔，叶片鲜亮多变，姿态飘逸俊美，古色古香，是较为流行的观叶植物。可用不同规格的植株装饰客厅、卧室、书房、阳台等处，既时尚典雅，又自然清新。但是在室内摆放时，要注意避免人体接触到其汁液。	可以吸收甲醛等有害气体，并净化浑浊的空气，还可提高房间的湿度，有益肌肤呼吸。寓意：福禄双喜。象征：和谐，幸福。	
大丽花（菊科）	色泽艳丽，花姿丰满，雍容华贵，花期长。盆栽摆放于家中可使家居环境变得华丽优雅、鲜活灵动。	具有净化空气和滞尘作用。象征：大方，富丽，大吉大利，大喜之兆。	
瓜叶菊（菊科）	叶片大而形如瓜叶，绿色光亮，层层叠叠，花色丰富，花繁色艳，开花整齐，花形丰满，是春节常用的节日花卉。盆栽摆放于室内矮几架上，花团锦簇，喜气洋洋。	可增加环境中的空气湿度，改善空气质量。花语：喜悦，快乐，合家欢喜，繁荣昌盛。	

续表

名　称	观赏特点与摆放技巧	功能与寓意	示例图片
佛手 / 五指柑（芸香科）	全年常绿，四季开花不断；果实色泽金黄，形状奇特，状若人手，千姿百态，妙趣横生；花朵和果实散发出醉人的清香，沁人心脾，使人神清气爽。有"果中之仙品，世上之奇卉"之称，目前已成为名贵的观果、观叶盆栽，被列为室内装饰佳品。结果株盆栽可装饰阳台，春节可摆放于客厅。	能够美化环境，净化空气，提高空气质量。寓意：好运，平安。"佛手"谐音"福寿"，故又寓意多福多寿。	
乳茄 / 五代同堂（茄科）	果形奇特，果色金黄，观果期达半年，是一种珍贵的观果植物。可作为大型盆栽点缀居室、客厅等处。其金灿灿的果实灿烂夺目，若装饰室内，可给人以喜气洋洋的感觉。	可美化环境，调节心情。寓意：五代同堂，金玉满堂，丰收，辉煌。	
四季橘（芸香科）	品种多样，主要有金橘、四季橘、朱砂橘等。金橘特别可爱，其果如枣，金黄鲜艳，饱满晶莹，味甜带酸，散发着一种清香。有高达2米的树状年橘，也有适合桌面的小型盆景。	可美化环境，调节心情。象征：吉祥多福，吉祥如意，大吉大利，年年有余。	
朱砂根 / 金玉满堂（紫金牛科）	四季常青，树姿优美飘逸，冠层错落有致，结果时果实累累、鲜红艳丽、晶莹可爱、经久不落，非常美观。因其宛如"绿伞遮金珠"的富贵吉祥的景象，故又称"富贵籽"，是一种极好的室内观叶、观果珍品。结果株可装饰阳台、窗台及室内靠近窗边的光线明亮处，更是春节期间极好的室内盆栽观果花卉。	可美化环境，改善环境质量。象征：吉祥喜庆。寓意：多子多福，吉祥富贵。	

名　称	观赏特点与摆放技巧	功能与寓意	示例图片
火棘 （蔷薇科）	也称满堂红，四季常青，极耐修剪，易成形，初夏白花繁密，清爽宜人；入秋红果累累，生机无限，是一种极好的冬季观果植物，适合作为中小型盆栽，放在办公室。	可以起到美化室内环境、调节心情的作用。 象征：在新的一年里运程步步高。	
石榴 （石榴科）	树姿优美，枝叶秀丽，初春枝条抽绿，婀娜多姿；盛夏繁茂花似锦，色彩鲜艳；秋季红果挂满枝头，正是"丹葩结秀，华实并丽"。	可吸收电器、塑料制品等散发的有害气体，另外也可有效清除二氧化硫、氯气、一氧化碳、过氧化氢等有害物质。 象征：多子多福。	
袖珍椰子 （棕榈科）	形态小巧玲珑，美观别致，如伞似盖，端庄凝重，古朴隽秀，叶片潇洒，玉润晶莹，给人以真诚纯朴、生机盎然之感。常见的小型盆栽，非常适合摆放在室内或新装修好的居室中。	净化空气中的苯、三氯乙烯和甲醛，是植物中的"高效空气净化器"。 能给人带来财运，象征着生命力旺盛、性格坚韧。	
广东万年青 （天南星科）	叶片碧绿有光泽，仪态大方端庄，果实金辉艳丽、经久不凋。 小型盆栽可以放在案头、窗台观赏，中型盆栽适合放在客厅、沙发旁边作为装饰，可以让室内充满绿色生机。	以其独特的空气净化能力著称，能吸收空气中的尼古丁、甲醛等有害物质。空气中污染物的浓度越高，越能发挥其净化能力！ 寓意：健康，长寿。 象征：吉祥如意，万古长青。	
玛丽安万年青 /粉黛 （天南星科）	色彩明亮，优美高雅，枝叶繁茂，叶片大，并有美丽白斑，充满生机。	能有效清除三氯乙烯，净化空气。 象征：生活、事业红红火火。	

续表

名　称	观赏特点与摆放技巧	功能与寓意	示例图片
绿巨人 （天南星科）	株形高大，叶大花白，挺拔俊秀，气度非凡，使人舒心，是室内观叶、观花佳品。	具有较强的吸收甲醛等气体的功能。 寓意：一帆风顺。	
变叶木 （大戟科）	株形繁茂，叶形多姿，并具彩斑，其盆栽是布置大堂、会场的优良观叶植物，可显示典雅豪华的气派。	变叶木含有有毒成分，不适宜家居摆放。 寓意：变幻莫测，娇艳。	
花叶芋/彩叶芋 （天南星科）	园艺品种多，是世界著名、颇具特色、极其美丽的室内观叶型植物。株小形美，叶片盾状，镶嵌多种色彩，绚丽多姿，似霞似锦，斑斓悦目，配以修长的叶柄，亭亭玉立，非常美丽。 适合作为中型盆栽，布置于阳台、书房、客厅等处，其多彩的叶片堪与盛开的花朵媲美。	吸收氨气、甲醛的能力强，其纤毛能截留并吸滞空气中飘浮的微粒及烟尘，被誉为"天然除尘器"。 寓意：喜欢，愉快。	
朱蕉 （龙舌兰科）	主茎挺拔，姿态婆娑，披散的叶丛形如伞状，叶具各种彩色条纹，极为美丽，是常见室内中小型盆栽观叶植物。	净化功能强，叶片与根部能吸收二甲苯、甲苯、苯、三氯乙烯和甲醛，并将其分解为无毒物质，使室内空气净化。 寓意：青春永驻，赏心悦目。	
文竹 （百合科）	"文雅之竹"，株形优雅，独具风韵。叶片轻柔纤细秀丽，密生如羽毛状，翠云层层；枝干有节似竹，姿态文雅潇洒，是著名的室内观叶植物。盆栽最适合摆放在书桌上。	其分泌的植物芳香油有抗菌成分，可以清除空气中的细菌和病毒。 寓意：宁静，淡泊。 象征：永恒。	

名　称	观赏特点与摆放技巧	功能与寓意	示例图片
箭叶海芋 （天南星科）	株形紧凑直挺，叶片箭形盾状，宽厚并富有特殊的金属光泽，叶色墨绿，银白色的叶脉线条清晰，叶背紫褐色，极富现代感，干净利落，美观大方。如搭配上纯白色或纯黑色的陶瓷花盆，艺术气息将倍增。它是一种高档次、风格独特的室内观叶植物。	能够吸收室内少量有毒气体，吸尘，杀菌，净化空气，过滤浊气。 花语：幸福，纯洁。 象征：圣洁虔诚，永结同心，吉祥如意。	
网纹草 （爵床科）	姿态轻盈，植株小巧玲珑，叶片十字对生，卵形或椭圆形，茎枝、叶柄、花梗均密被茸毛，其特色为叶面密布红色或白色网脉，纹理匀称，颇为清新素雅。 用作小盆栽置于桌面或案头，格外雅致。	具有净化空气的能力。 寓意：理性，睿智。	
冷水花 （荨麻科）	株丛小巧素雅，叶色绿白相映，纹样美丽。陈设于书房、卧室，清雅宜人；也可悬吊于窗前，绿叶垂下，妩媚可爱。盆栽还适合摆放在厨房内。	能净化厨房烹饪时散发的油烟味，是居室内理想的净化空气的植物。 寓意：爱的别离。	
豆瓣绿/青叶碧玉 （胡椒科）	株形较低矮，叶片肥厚圆润、光亮碧绿，有的品种叶面带有鲜艳诱人的斑纹，属于小型室内观叶植物。用白色盆器栽培摆放在窗前、案几、办公桌上，小巧可爱，十分美丽。	对甲醛、二甲苯、二手烟有一定的净化作用，是防辐射最好的植物。 寓意：雅致，少女的娇柔。	
西瓜皮椒草/豆瓣绿椒草 （胡椒科）	茎短丛生，叶柄红褐色，叶卵圆形，尾端尖，浓绿色的叶脉由中央向四周辐射，脉间为银灰色，状似一片片西瓜皮斜挂在叶柄上，生动活泼，惹人喜爱。植株小巧玲珑，叶姿奇特，常作为小型盆栽置于室内观赏。	能吸收大量的二氧化碳，放出大量的氧气，对二氧化硫有一定的抗性，还能吸收少量的甲醛和氨气，对油烟和灰尘的吸收作用也很强，是一种净化、改善空气作用非常强的植物。 寓意：吉祥如意。	

续表

名　称	观赏特点与摆放技巧	功能与寓意	示例图片
心叶球兰 （萝藦科）	叶对生，肉质肥厚，状如心形，其片片倒心形的叶子宛如心心相印，非常迷人可爱；是极受欢迎的盆栽花卉和馈赠佳品。常用于装饰书桌、窗台和茶几。	对空气中的二氧化碳、二氧化硫以及甲醛等物质有很强的吸附性，能显著提高室内空气质量。 寓意：把爱传递。	
肾蕨 （肾蕨科）	株形直立丛生，叶片深裂奇特，自然下垂，叶色浓绿，形态自然潇洒，十分优雅，株形丰满，富有生机和美感，如谦谦君子临风而立。	净化功能强，对室内多种有害物质具有吸收和净化能力，能增湿和提高负离子浓度。 花语：殷实的朋友。	
狼尾蕨 （骨碎补科）	叶形优美，形态潇洒，根状茎和叶都具有极高的观赏价值。根茎裸露在外，肉质，粗6~12厘米，表面贴伏着褐色鳞片与毛，如同狼尾，是非常流行的室内观赏蕨类。	具有吸收甲醛、苯等有害物质，以及净化空气的作用。 寓意：蓬勃的生机。	
巢蕨/鸟巢蕨 （铁角蕨科）	株形呈漏斗状或鸟巢状，形态丰满，叶色葱绿、光亮，潇洒大方，野味浓郁。 小型盆栽布置于明亮的客厅、会议室、书房及卧室，显得小巧玲珑、端庄美丽。	可以吸收香烟中的尼古丁等有害气体，对空气有一定的净化作用，另外还具有很好的增湿作用。 寓意：吉祥，富贵，清香长绿。	
凤尾蕨 （凤尾蕨科）	根茎短，叶簇生，叶丛小巧细柔，姿态清秀，生长旺盛，品种繁多，很适合室内观赏。	具有净化空气和增湿的作用。 花语：热情。	
阿波银线蕨 （凤尾蕨科）	叶上有明显的银色宽带从叶脉延伸而出，形态娴娜多姿，给人清新舒畅的感觉，适合作为室内盆栽。	具有净化空气和增湿的作用。 花语：热情。	

名　称	观赏特点与摆放技巧	功能与寓意	示例图片
夏雪银线蕨 / 银脉凤尾蕨（凤尾蕨科）	姿态清秀，根茎短，叶簇生，叶丛小巧细柔，叶面上有明显的银色宽带从叶脉延伸而出，观赏价值很高，适宜摆放在室内桌面、茶几、窗台或阳台遮阴处。	具有净化空气和增湿的作用。花语：热情。	
铁线蕨（铁线蕨科）	茎叶秀丽多姿，形态优美，株形小巧，极适合小盆栽培和点缀山石盆景。黑色叶柄纤细而有光泽，酷似人发，质感十分柔美，好似少女柔软的头发，因此又被称为"少女的发丝"。其淡绿色薄质叶片搭配着乌黑光亮的叶柄，显得格外优雅飘逸。	被认为是最有效的生物"净化器"，能够吸收甲醛，抑制电脑显示器和打印机中释放的二甲苯和甲苯。寓意：朴实无华。	
鹿角蕨（鹿角蕨科）	一种附生性观赏蕨，叶形奇特，形似梅花鹿角，别致逗人。室内绿化的好材料，装饰于吊盆，点缀于书房、客室和窗台，更添自然景趣。	具有净化空气和增湿的作用。花语：安慰。	
翠云草（卷柏科）	株态奇特，枝叶青翠，细枝密生小叶如绿鳞，如绿云片片，并有蓝绿色荧光，使人赏心悦目。喜阴观叶植物，盆栽适合于案头、窗台等处陈设。	具有净化空气和增湿的作用。花语：幸福。	
长寿花（景天科）	株形紧凑，小巧玲珑，叶片晶莹透亮，花朵稠密，花色丰富，花期长，是极佳的室内盆栽花卉。开花时把不同花色品种组合在一盆里，更具观赏价值。	在夜间有良好的吸收室内二氧化碳的作用。寓意：长寿多福，平安吉利。盆栽是赠送长辈的很好的礼物。	
景天树 / 玉树（景天科）	株形庄重，挺拔秀丽，枝叶肥厚碧绿，十分雅致。宜于盆栽，陈设于阳台或室内桌几上，显得十分清秀典雅。	具有出色的空气净化能力，堪称不耗费电力的"制氧机"和"吸尘器"。寓意：吉祥，如意。	

续表

名　称	观赏特点与摆放技巧	功能与寓意	示例图片
观音莲（多肉）（景天科）	株形端庄，犹如一朵盛开的莲花，叶色富于变化，紫红色的叶尖极为别致，是一种以观叶为主的小型多肉盆栽植物。	具有微吸收有毒气体和微增湿的效果。寓意：永结同心，吉祥如意。	
熊童子（景天科）	株形文雅，玲珑秀气，独特漂亮，又有充满生机的感觉。因毛茸茸的叶子很像小熊的爪子而得名，颇受儿童喜爱。可作为室内小型盆栽，点缀于阳台、窗台、桌案等处，趣味盎然，生动有趣，很有特色。	具有滞尘和净化空气的能力。花语：玲珑优雅，绿色山珍。	
黑法师/紫叶莲花掌（景天科）	株形优美，叶色奇特，黑紫色的叶生于枝头，酷似一朵朵盛开的墨菊。适合作为中小型盆栽或组合盆栽，装饰于阳台、窗台等处，时尚高雅，效果独特。	有很强的净化空气的能力。花语：诅咒。	
唐印（景天科）	株形优美，叶片大，叶色美，是多肉植物中的观叶佳品。盆栽常装饰于茶几、办公桌、电脑桌上。	可吸收甲醛等物质，并能减少电磁辐射，净化室内空气。花语：完美。	
蟹爪兰（仙人掌科）	开花正逢圣诞节和元旦。株形垂挂，茎节似叶非叶连成蟹爪状，翠绿欲滴，花色鲜艳可爱，热闹非凡。盆栽开放时摆放于室内，顿时满室生辉，充满勃勃生机。	在夜间对室内二氧化碳有较强的吸收能力。寓意：红运当头，运转乾坤。	
仙人球（仙人掌科）	色泽翠绿，针刺黄绿色，呈辐射状，形态优美、雅致。	减少电磁辐射的最佳植物，夜间能吸收二氧化碳并释放氧气。寓意：镇邪压祟。	

名　称	观赏特点与摆放技巧	功能与寓意	示例图片
金琥 （仙人掌科）	金碧辉煌，球大而碧绿，并可长成巨球形，遍体密生金黄色硬刺，球顶密被金黄色绵毛，黄色花生于球顶绵毛丛中。整体气度非凡，有霸王之气、王者风范。	能吸收甲醛、二氧化硫、氯气、乙醚、乙烯等有毒气体，夜间能释放氧气，并能提高室内负离子浓度，使空气清新宜人。 寓意：辟邪。	
仙人掌 （仙人掌科）	茎节鲜绿扁平，刺座幼时被褐色短绵毛，刺密集，黄花朵朵，果紫红，为室内中小型盆栽植物。 摆放于电脑附近，可以减少对人体皮肤的辐射。	是减少电磁辐射的最佳植物，吸收一氧化碳、二氧化碳、过氧化氮能力强，具有杀菌以及夜间放氧等功能。晚上居室内放有仙人掌，可以补充氧气，利于睡眠。 寓意：坚强，刚毅。 花语：外表坚硬，内心甜蜜。	
黄毛掌 （仙人掌科）	茎节似兔耳，刺座上密生金光闪烁的钩毛，非常美丽，是室内小型盆栽。	吸收一氧化碳、二氧化碳、过氧化氮能力强，具有杀菌以及夜间放氧等功能。 寓意：坚强，刚毅。	
山影拳 （仙人掌科）	酷似郁郁葱葱、层峦叠翠的山峰奇石，神似山石层叠起伏，为室内中小型盆栽植物。	净化功能强，对多种有害气体抗性强，夜间能释放氧气，又能提高室内负离子浓度，有益于人们身心健康。 花语：粗犷，强健。	
麒麟掌 （大戟科）	一种厚肉质植物，形态奇特，龙骨状凸起。生长多年的植株，其肉质茎扭曲盘旋，酷似山峰。适于家庭盆栽观赏。	它是不折不扣的吸收辐射的高手，也是植物"制氧机"，能吸收甲醛、乙醚等有毒有害气体。 花语：五福临门。	

续表

名　称	观赏特点与摆放技巧	功能与寓意	示例图片
芦荟 （百合科）	株形凝练，姿态俊雅，色泽青翠欲滴，张扬可亲，气质超然脱俗。	被称为空气清洁器，有"空气净化专家"的美誉。可吸收甲醛、二氧化碳、二氧化硫、一氧化碳等物质，尤其对甲醛的吸收能力特别强。还能杀灭空气中的有害微生物，并能吸附灰尘，对净化居室环境有很大作用。 青春之源，即青春、纯美的象征。	
玉露 （百合科）	株形玲珑可爱，叶色晶莹剔透，如同玉石雕刻而成；奇特而美丽，清新典雅，如同有生命的工艺品；是近年来人气较旺的小型多肉植物。 适宜用小盆栽种，陈设于窗台、案头、书桌、阳台等处。闲暇之时细细观赏其独特的株形、叶片，从中领悟大自然之神奇、植物之妙趣。	光照不足处不宜摆放，否则会株形松散、不紧凑，叶片瘦长、脆弱。 可以防辐射。 花语：冰清玉洁。	
条纹十二卷 （百合科）	株形小巧精致，肥厚的叶片上镶嵌着带状白色星点，显得清新高雅，配以彩色的鹅卵石等，具有很高的观赏价值。 盆栽可用来装饰桌案、几架。	能在夜间吸收二氧化碳，可保持居室空气清新，有益身心健康。 花语：开朗，活泼。	
虎尾兰 （龙舌兰科）	叶片苍翠肥厚、坚挺直立，叶面有灰白和深绿相间的虎尾状横带斑纹，姿态刚毅，奇特有趣，是很受欢迎的室内观叶植物。常见的品种有金边虎尾兰、金边短叶虎尾兰。	能吸收甲醛、二氧化硫、氯气等多种有害气体，特别是吸收甲醛的能力超强；夜间具有吸收二氧化碳、释放氧气的能力。 寓意：坚忍不拔，勇往直前。 象征：虎虎生威，刚正不阿。	

名　称	观赏特点与摆放技巧	功能与寓意	示例图片
龙骨 （大戟科）	三棱形状，多分枝，蓝绿色，棱边有小刺，极短，叶片似鱼鳞，在阳光照耀下会闪闪发光，分枝繁多，且垂直向上，给人以挺拔向上的感觉；是盆栽花卉的佳品。常用于装饰厅堂、卧室及会议场所等处。	对甲醛、苯、氨气等有很好的吸附效果。 寓意：威武霸气，刚正不阿。	
生石花 （番杏科）	形态独特，形如彩石，色彩斑斓，娇小玲珑，被喻为"有生命的石头"；是世界著名的多年生小型多肉植物。开花时，花朵几乎将整个植株都盖住，非常娇美。	室内盆栽观赏，别具情趣，陈设案头，显得十分别致新颖，令人观之叹绝。 花语：比石头更坚固的爱情。	

知识链接2-4

兰花敬师最相宜

1. 国兰

自古以来国兰就被称为"君子之花"、"德人之花"，它那种"寸心原不大，容得许多香"的高雅兰德与广大教师为人师表、教书育人的高尚师德十分相称。我国伟大的教育家、传统文化奠基人之一的孔子不仅喜爱国兰，还以"兰德"比喻师德。每年教师节，把国兰作为敬师花敬送给老师，体现了老师地位的崇高和对老师人格的认同及敬佩。

2. 蝴蝶兰

蝴蝶兰的优雅高洁十分符合教师的职业形象，它漂亮的花形和醉人的花色尤其能打动女性教师。而且蝴蝶兰的花期非常长，也相对容易打理，只要一周浇水一次就可以存活，适合工作忙碌的老师们。蝴蝶兰配上精美的盆器和一些小配花，非常容易出彩。

3. 君子兰

君子兰的花语是君子谦谦，温和有礼，有才而不骄，得志而不傲，居于谷而不自卑。这正是中国知识分子群体广泛追求的境界。因此，送给老师一盆君子兰是对他最好的赞美。

资料来源：佚名．兰花敬师最相宜 [EB/OL].(2011-09-09)[2015-06-15].
http://www.731c.com/news/show.php?itemid=11651.

要点回放

室内观赏植物的识别
- 室内观赏植物分类
  - 按观赏特性分类
  - 按大小分类
  - 按净化空气能力分类
  - 按生长习性分类
- 常见室内观赏植物的识别

✎ 课后体验

体验一　考一考

一、判断题或填空题

1. 佛手是大型盆栽观果植物。 …………………………………………（　）
2. 蝴蝶兰是春节期间的高档观花植物。 …………………………………（　）
3. 树形似伞、基部膨大的发财树可作为室内大型观叶植物。 ………（　）
4. "芬芳美丽满枝丫，又香又白人人夸"指的是＿＿＿＿＿＿＿。
5. "叶色常青，苞片洁白，似双掌合十，又似白鹤翘首"指的是＿＿＿＿＿＿＿。

二、连线题

文竹	叶片苍翠肥厚、坚挺直立，叶面有灰白和深绿相间的虎尾状横带斑纹
蝴蝶兰	金碧辉煌，有霸王之气、王者风范
吊兰	花似蝴蝶，颜色艳丽、娇美，风姿绰约，仪态万千
蟹爪兰	叶片轻柔纤细秀丽，密生如羽毛状，翠云层层；枝干有节似竹，姿态文雅潇洒
金琥	叶色青翠，匍匐枝从植株基部舒展直下，先端小叶高傲地翘起，似展翅仙鹤
虎尾兰	株形垂挂，茎节似叶非叶连成蟹爪状，花色鲜艳可爱，热闹非凡

体验二　想一想

三、简答题

1. 常见观花植物有哪些？花期分别在什么季节？（请列举5种）
2. 常见室内观赏植物中的喜阴植物有哪些？
3. 在新装修的室内，选择哪些观赏植物进行装饰比较好？（请至少列举5种）

体验三　做一做

四、实训项目

实训项目 2-1：任选一间教师办公室，请你对它进行植物装饰。你会选择哪些植物，并说明选择依据。

1. **实训目标**

   通过实践训练，加深对室内观赏植物的认识。

2. **实训组织**

   教师对学生进行分组，各组推选组长，由组长负责组织。

3. **实训要求**

   （1）教师提出活动前准备要求。

   （2）教师宣布注意事项。

   （3）教师随队指导。

4. **评价内容**

序号	项目	分值
1	植物选择能力	50
2	团队合作能力	10
3	工作态度	10
4	PPT 汇报和实训总结	30

实训项目 2-2：室内观赏植物识别比赛。

1. **实训目标**

   通过实践训练，加深对室内观赏植物的认识。

2. **实训组织**

   教师对学生进行分组，各组推选组长，由组长负责组织。

3. **实训要求**

   （1）教师提出活动前准备要求，每组准备常见的室内观赏植物图片 20 张（要求：图片清晰、植物特征明显），以 PPT 形式展示。由非本组同学进行抢答，回答正确最多的小组，得 30 分，其他组则视具体情况给予相应得分。

   （2）时间 5 分钟。

   （3）教师宣布注意事项。

4. 评价内容

序号	项目	分值
1	植物识别能力	20
2	回答问题	30
3	团队合作能力	10
4	工作态度	10
5	PPT 准备与制作	30

第3章

室内观赏植物的应用

SHINEI GUANSHANG ZHIWU
DE YINGYONG

⊕ 学习目标

▶ 知识目标

1. 明确室内观赏植物应用的原则和配置方式。
2. 掌握家居空间、办公空间、公共空间等常见场景观赏植物应用设计相关知识。
3. 学会根据家居空间、办公空间、公共空间等不同空间，应用观赏植物设计图进行装饰的相关知识。

▶ 技能目标

1. 培养不同空间观赏植物应用的设计能力。
2. 培养不同空间观赏植物应用的实践操作能力。

C 引例

某机场要对候机大厅进行观赏植物装饰，现对外进行招租。请有意向参加竞标的单位做好竞标书和设计图后参加竞标。

? 问题

1. 候机大厅的空间特点是什么？
2. 观赏植物的选择依据是什么？
3. 观赏植物应用设计有何特色？

知识研修

在我国，观赏植物作为室内装饰元素出现很早，且有一定的应用广度。从考古发现来看，我国植物盆栽装饰的起源可以追溯到浙江余姚新石器时代的河姆渡文化。东汉时，官苑中已有盆栽植物摆设；唐朝时，室内用植物作为装饰已经相当普及；宋朝时，室内花卉在民间已经逐渐普及；到了明清时期，室内植物装饰逐渐成熟起来。但就整体而言，由于建筑结构的限制，大型室内植物景观设计并没有发展起来。直到20世纪80年代初，才开始进行在公共建筑室内营造大型自然景观庭园的尝试。

室内植物装饰是现代软装饰中表现自然美的一种高雅艺术。通过创意的绿化设计，各具优美姿态的观赏植物进入室内装饰，以丰富空间层次、柔化建筑环境，营造出回归大自然的氛围，形成一种自然、和谐、生动的境界，达到人们崇尚自然、热爱自然、与自然融合的境界，是一项生态文明建设实践活动。它体现了人类健康的生存价值观以及对自然的尊重，反映了人们遵循生态规律来利用植物、创造自然美的美好心愿。

3.1 室内观赏植物应用的原则

　　美国得克萨斯州农工大学园艺学教授查尔斯·霍尔博士认为，当前大多数欧美城市选择花卉的原则，第一就是功能性原则，花卉品种必须具备一定的功能价值，如净化空气、降低噪声、减少城市光污染等。美国保尔园艺集团总裁安娜·保尔认为，在全世界范围内，消费者看待花卉的方式正在转变，功能性、实用性已经与视觉美占据了同等重要的位置。人们衡量一种花卉价值的标准，将从简单的"美丽或不美丽"，转到它是否会给室内带来更清洁的空气，能否让庭院更加易于打理，能不能摘下几片叶子给蔬菜沙拉来点不一样的味道。

3.1.1 以人为本原则

　　观赏植物装饰的对象是环境与空间，但最终是为人服务的，是为人所享用的，所以首先必须遵循以人为本的原则，为人类创造舒适优美的生活和工作环境。它包括：

1. 保证健康，避开有害植物

　　任何装饰设计，安全都是第一位的，观赏植物摆放也是一样。如丁香、郁金香、风信子等不宜放在室内，即使放在室内也只能是短时间的。丁香花人若久闻会引起烦闷气喘，影响记忆力；郁金香（见图3.1）、风信子（见图3.2）含毒碱，连续接触两个小时以上会头昏；还有不能将大型绿色盆栽植物放在公共走廊的拐角处，这样不仅使人们的转弯半径加大，也不容易看到对面来人，易引起碰撞。

图3.1　郁金香　　　　　　　　　图3.2　风信子

2. 展现个性，选择合适植物

任何一种装饰设计都有表现个性的要求，尽量表现出自己的特点和特色。不同场合的植物装饰应用也要符合其性质和个性需求，如书房是读书和写作的场所，应当以摆设清秀典雅的绿色植物为主，以创造一个安宁、优雅、静穆的环境，使人在学习间隙举目张望，让绿色调节视力，缓和疲劳，起镇静悦目的功效，而不宜摆设色彩鲜艳的花卉。如对居家的植物装饰，要考虑主人的性格特点、生活习俗、情趣爱好等等。同时，还要考虑不同年龄的人群需求是不同的，小孩、青年夫妇、中年人、老年人，他们的要求都是不一样的，如家里有小孩的就不能用带刺的仙人掌、仙人球类植物，可以多用景天类的月兔耳（见图3.3）、宝石花（见图3.4）、大和锦、筒叶花月、唐印、玉珠冬云等，番杏科的生石花（见图3.5）、肉锥花、飞行玉等，百合科的子宝、玉扇（见图3.6）等，好看又好玩，不仅可以美化环境，还可以激发小孩的求知欲。

图3.3　月兔耳

图3.4　宝石花

图3.5　生石花

图3.6　玉扇

3.1.2　美学原则

追求美是室内绿化装饰的重要原则，如果没有美感就根本谈不上装饰。用植物装饰布置室内，没有固定模式，主要是根据空间大小、建筑格式、个人爱好和利用方式的不同，按照美学原则、艺术原则因地制宜地进行科学的设计和布局，从而营造出主题明确、构图合理、色彩协调、形式和谐的室内绿化装饰环境。

现在的室内植物配置，多由从事经营的非专业人员或苗圃工人直接进行，植物配置单调，主要运用盆栽及点状、线状配置，其他方法应用较少，并且设计时较少考虑景观节奏、韵律、均衡、层次及色彩的运用，缺少艺术性。

1. 中心突出，主次分明

中心要突出，主次要分明，绿化装饰要有主景和配景之分。主景是布景的核心，必须醒目，要有艺术魅力，能吸引人，给人留下难忘的印象。配景主要起衬托主景的作用，但必须与主景相协调。因此，选材上可利用珍稀植物，或选用形态奇特、姿色优美、色彩绚丽，或株形大、有别于常见花卉的品种，以突出主景的中心效果，如图3.7所示。在一个家庭居室中，有卧室、厨房、卫生间、客厅等许多空间，可重点装饰客厅，以展示主人的风貌，反映出其文化素养。

图3.7　美学原则

2. 构图合理，比例恰当

构图是将不同形式、色泽的物体按照美学的观念组成一个和谐的景观。因此，在进行观赏植物室内装饰时，一是布置均衡，以保持稳定感和安全感；二是比例合度，体现真实感和舒适感。掌握这两个基本点，就可以使室内观赏植物虽在斗室之中，却能"隐现无穷之态，招摇不尽之春"，如图3.8所示。

布置均衡包括对称均衡和不对称均衡两种形式。不同场合、不同空间可采用不同形式：在公共室内空间上，空间面积比较大，人们更习惯于对称的布置，如在走道两边、会场两侧等习惯于对称均衡布置，摆上同样品种或同一规格花卉，显得规则整齐、庄重严肃；在居家室内植物装饰上，人们喜欢自然无拘束的环境，所以常采用自然式、不对称均衡布置形式，如在客厅沙发的一侧摆上一盆较大的植物，另一侧摆上一盆较矮的植物，同时在其邻近花架上摆上一悬垂植物，显得轻松活泼、富于雅趣。这种布置虽然不对称，但却给人以协调感，视觉上认为二者重量相当，仍可视为均衡。

比例合度，指的是植物的形态、规格等要与所摆设的场所大小、位置相配套。室内绿化装饰犹如美术家创作一幅静物立体画，如果比例恰当就有真实感，否则就会弄巧成拙。比如空间大的位置可选用大型植株及大叶品种，以利于植物与空间的协调；小型居室或茶几案头只能摆设矮小植株或小盆花木（见图3.9），这样会显得优雅得体。如果说在一个面积很小的客厅放置比较高大的植物，会让人觉得客厅矮小、拥挤，即使这个植物的姿态美丽优雅，也不会达到很好的效果。相反，如果在一个大客厅里放置小盆花，即使这盆花再怎么优美、珍贵，也不能引起人们的注意，会使其失去应有的价值。一般来说，室内绿化面积最多不超过其面积的10%，这样室内才有一种扩大感，否则会使人觉得压抑。但在刚装修完的居室中，为了净化空气也可以多放几盆植物，但以不影响居室功能和美观为度。

图3.8　办公室植物布置

3. 色彩协调，选材适当

植物色彩要与室内环境相和谐。色彩的感觉是一般美感中最大众化的形式，人对物体的第一印象是色彩，然后才是形体、质地等，所以必须重视色彩在室内景观绿化装饰中的重要作用。

图3.9　矮小盆栽

室内绿化装饰的形式要根据室内的色彩状况而定。如以叶色深沉的室内观叶植物或颜色艳丽的花卉做布置时，背景底色宜用淡色调或亮色调，以突出布置的立体感；当居室光线不足、底色较深时，宜选用色彩鲜艳或淡绿色、黄白色的浅色花卉，以便取得理想的衬托效果。陈设的花卉也应与家具色彩相互衬托，如清新淡雅的花卉摆在底色较深的柜台、案头上可以提高花卉色彩的明亮度，使人精神振奋。

　　色彩搭配的和谐还表现在观赏植物的选择上。最保险的方法就是选择同色系的观赏植物，只需要在色度上有深浅之分即可。诸如，热烈的红色、亮丽的黄色、雅致的白色、柔和的粉色都是颇受欢迎的色系。当然，如果你对自己的配色水平很有把握，也可以选择对比强烈的多色系，比如粉色与白色、黄色和蓝色（紫色），可以带来跳跃生动、绚丽多彩的景致。

　　室内绿化装饰植物色彩的选配还要随季节变化做必要的调整，以表现出不同季节的特征。如春天的繁花或新绿、夏天的绿叶、秋天的红叶或果实、冬天的劲枝或年宵花，如图3.10所示。当然也可以在室内有意识地设置一些具有冷凉或温暖感觉的植物，以给人减轻酷暑或抑制严寒之感，使室内充满舒适的氛围。

春花（如杜鹃）

夏叶（如心叶绿萝）

秋果（如金弹子）

冬花（如年宵花、仙客来）

图3.10　四季观赏植物布置

　　春天大地复苏，室内植物应以体现春意盎然的气氛为主，如水仙、仙客来、马蹄莲、瓜叶菊等盆花；或栽植金橘、四季橘以表现欣欣向荣的气氛。

　　夏天天气炎热，应以观叶植物为主进行装饰，如绿萝、棕竹、散尾葵、橡皮树、龟背竹、万年青等。另外，还可以点缀一些色彩素雅、芳香的植物，如百合、马蹄莲等，以营造淡雅清凉的气氛。

秋天秋高气爽，是红叶红果植物的观赏季节，多数菊花也是集中在此时开放。室内可以放置菊花盆栽，再衬以南天竹、石榴等观果植物。剑兰也正值开花的季节，如用其装饰书房、客厅，可使家居平添不少雅趣。

冬天寒气袭人，居室装饰植物的格调应以暖色调为主，以红色的观花植物为载体。如一品红、山茶、大丽花、仙客来、蝴蝶兰、大花蕙兰等，会使室内空间处于温暖、热烈的气氛之中。如春节于客厅一隅吊栽一盆观叶的常春藤，茶几上摆放一盏绽蕊吐香的水仙，窗边衬着一盆红的仙客来，给人以寒冬将逝、春意盎然之感。

4. 整体和谐，风格统一

室内植物装饰必须与室内的装修风格相适应。也就是说，所选择的植物从整体上要与室内其他陈设的风格协调统一，这样才能产生整体的和谐美。比如室内装修、家具陈设是西式风格，那么其装饰植物应该选取棕榈或立柱式攀缘一类的植物，再配以西式花器或乳白色塑料套盆，使其呈现一派异国情调。假如是中式家居，则宜选用具有中国文化气息的盆景和植物，如用自然清雅的兰花盆景来装饰案头、书桌、窗台等处，能够营造出古朴典雅的中国传统文化氛围，令人陶醉。

植物姿色形态是室内绿化装饰的第一特性，它将给人以深刻印象。在进行室内绿化装饰时，要依据植物各自的姿色形态，选择合适的摆设形式和位置，同时注意要与其他花盆、器具和饰物搭配协调，要求做到和谐相宜。如悬垂花卉宜置于高台花架、柜橱或吊挂高处，让其自然悬垂；色彩斑斓的植物宜置于低矮的台架上，以便于欣赏其艳丽的色彩；直立、规则植物宜摆在视线集中的位置。

3.1.3 生态适应原则

室内观赏植物景观装饰对植物的选择不仅要遵从以人为本和美观的原则，更重要的是遵循生态适应原则，再好看、漂亮、对人身心皆佳的植物，如果不能适应周围环境，就不能健壮生长，这样就会出现生长发育不良，甚至死亡的现象。因此，这样的植物装饰不但浪费精力，而且浪费金钱。

进行室内植物装饰设计除应尊重植物的生态习性外，还应将植物摆放在适合其生长的环境中，这样才能最大限度地发挥其功能作用，才能通过植物装饰创造出一个适合的室内生态空间。因此，室内观赏植物布置应该从光照、温度、湿度等因素进行考虑，遵循生态适应原则，做到适地适花。

1. 光照

要创造良好的生态室内环境，首先要考虑光照问题，它是限制室内植物正常生长的主要因素。在自然光的照射下，进入室内的光线大多为散射光，光线最弱的地方只有几十勒克斯，较强的地方也只有2000lx左右。因此，在进行室内观赏植物装饰时，要根据室内不同空间的光照情况，选择适宜的植物种类及植株体量进行合理配置。如果植物摆放的位置能满足其光照需求，则生长健壮，叶色翠绿，茎干挺拔，叶片厚实；如果室内光照低于植物所需的光照强度，则植物的茎干细弱，叶片没有光泽，具有斑纹的观叶花卉（如绿萝、花叶榕等）其斑纹将变淡。喜欢光照的植物有米兰、茉莉、月季、扶桑、菊花、石榴、金橘、仙人掌、仙人球、景天等，可放置在南向光照条件好的室内空间，最好是放在靠近窗边的位置；喜阴或耐阴植物大多是观叶植物，如绿萝、吊兰、万年青、龟背竹、棕竹、虎尾兰等，可放置在光照条件较差的北向室内空间；耐半阴的植物如山茶、杜鹃、栀子、文竹、君子兰、鹅掌柴、冷水花等，可放置在东西向的房间。

2. 温度

影响室内植物生长的另一重要因素就是温度。室内温度相对室外来说变化不大，所以对大多植物都比较适合。但要考虑空调、取暖器的使用所带来的影响，特别是公共空间，如银行、商场及写字楼等都是下班后人走灯灭、空调停用，冬天和夏天其室内昼夜温差变化较大。一般植物在短时间低温环境下不会受冻，但是高温植物在低温的空间环境中很容易受到冻害。因此，阴冷的空间只能用耐寒植物来装饰，如天门冬、棕榈、橡皮树等。

3. 空气湿度

室内空气湿度也是影响室内植物装饰生态性的一个限制因素。多数室内装饰的植物材料都要求空气湿度相对较高的环境。因此，对于室内环境比较干燥的情况，如空调房间，就需要对一些喜湿观赏植物进行增湿操作，及时对植株进行喷水，满足其对湿度的要求，以保持其良好的景观和生态性。

4. 空气污染物

不同的观赏植物种类，其抵抗污染物的能力不同。只有在了解室内空间主要污染物种类的前提下，才能更好地选择相应植物。装修后的室内空间应选择一些净化吸收或抵抗空气污染物能力强的植物，如绿萝、吊兰、常春藤、龙舌兰、芦荟、虎尾兰、海芋等，以达到净化室内空气的目的。

目前，有些室内植物应用的商业性远远大于其生态性。一些客户要求空间中布置植物仅仅是为了装饰或纯粹的赶时髦，而忽略了观赏植物的生态作用。更有甚者，为了节省资金使用人造植物来营造自然氛围，破坏了以人为本的原则，与追求自然的室内设计宗旨背道而驰，未能充分认识到室内植物固碳释氧、降温增湿、吸收有害气体的生态作用。

3.1.4　经济实用原则

经济实用同样是现代室内绿化装饰的一个重要原则，这就要求做到绿化效果、美化效果与实用效果的高度统一，而且能保持长久。因此，在设计观赏植物室内装饰时，要根据室内空间结构、建筑装修和室内配套器物的水平，选配合乎经济水平的档次和格调，使室内"软装修"与"硬装修"相协调。

这样在满足其他原则的情况下，选择室内观赏植物种类时，首先考虑选择适合室内环境生长的品种，这样就可以避免植物无法适应生存环境而导致死亡。如室内光照不足、通风差时，就要选择那些抗逆性强、栽培容易、管理方便、观赏效果好的适合室内长期摆放的观叶植物，这样不仅达到绿化、美化功能，而且可以降低经济成本。

由于厨房、洗手间中的清洁洗涤剂和油烟的气味浓厚，它们是危害人体健康的杀手，因此，应该选择既经济又实惠的绿萝、常春藤或吊兰，摆放或者悬挂在厨房或者洗手间的门角，可以有效吸收空气中的油烟等有害化学物质，消除对人体的危害。电脑、电视等各种电器的辐射向来是家居环境的一大污染源，放一盆仙人掌或多肉多浆类植物在电器附近可以吸收大量的辐射污染（见图3.11）。北方冬天室内供暖，空气干燥，可以摆放一盆散尾葵。散尾葵是最好的天然"增湿器"，每天可以蒸发一升水，并且对室内的二甲苯和甲醛都有十分有效的净化作用。

图 3.11　电脑旁植物摆放

3.2　室内观赏植物应用方式

3.2.1　室内观赏植物应用栽培方式

室内观赏植物的应用方式多种多样，其表现方式不拘一格。观赏植物室内的主要栽培形式为盆栽植物，其中水培植物、组合盆栽逐渐成为观赏植物应用的新宠。

凡是用盆钵栽培的观赏植物都称为盆栽植物，简称盆栽。我国盆栽植物生产的历史悠久，可追溯到周秦时代。西周在园圃中已盆栽兰花。《楚辞·离骚》中有盆栽秋菊的记录。宋朝已有盆栽茉莉的记录。明朝，梅花、月季常用于盆栽观赏，盆栽花卉开始进入商品化生产。18世纪后，国外花卉开始传入中国，出现盆栽金盏菊、万寿菊等草花。清朝乾隆年间，上海郊区已见批量草花盆栽生产。民国时期，在南京、上海等地山茶、杜鹃等木本花卉已作为盆栽观赏，并建有一些小型温室，生产四季秋海棠、樱草、一品红、仙客来、朱顶红、文竹等，盆栽花卉开始进入市场。新中国成立以后，盆栽花卉在花卉业中所占比重不大，常以传统栽培方法为主，规模小，种类老，品种少，栽培技术落后，常以自产自用为主。改革开放以后，特别是近十年，我国盆栽发展极其迅猛。据国家农业部种植管理局统计，2010年盆栽植物种植面积达到8.3万公顷。春节期间的蝴蝶兰、大花蕙兰、凤梨、杜鹃、仙客来、一品红等盆花，夏天的绿萝、巴西铁、绿帝王、吊兰、常春藤等观叶植物，都深受市民的喜爱。

1. 盆栽类型

盆栽是最传统的种植方式，是指把单棵或者多棵植物培养在一个容器里。常见的容器有瓦盆、陶盆、瓷盆、木盆和塑料盆等。在选择盆器时，要考虑不同盆器的性能是不一样的，如陶盆排水性能好，适合种植不耐积水的植物；黑色容器较吸热，可以放置在阴凉处。

（1）单一盆栽。

单一盆栽是指一种植物种植在一个盆器中的盆栽形式，是最传统的种植方式，也是最普遍的种植方式。

（2）组合盆栽。

组合盆栽也称艺术盆栽，是指运用艺术手法，将几种生长习性基本相近的植物材料配置在一个容器内的一种盆栽形式。它要求植物之间色彩协调，造型优美而新颖，既能发挥每种植物的观赏特性，又能表现植物的群体美，从而取得单株盆栽难以达到的艺术效果。组合盆栽所搭配的植物种类在数量上应适宜，并不以多取胜。同时，可在容器内配置一些山石、树皮、草皮或石子，使之更趋自然。

①材料选择需要遵循的原则。

（a）植物生态一致性。种植在同一容器中的花卉应在生态习性上具有一致性，对温度、光照、水分和土壤酸碱度的要求较为相似，要兼顾不同种花卉的相容性，以便养护管理。许多植物都可以用来制作组合盆栽，但不是所有的植物都能随便哪个看得顺眼就拿来种的。要选择一样耐阴或一样耐温的植物一起种，只有将生长习性相同的观赏植物种在一起，才能协调生长、相互制约。也就是说，在选择植物时，"秉性相投"的植物材料适宜种在一起，这样才不会相互冲突，甚至导致死亡。

（b）植株选择要美观、易养护。组合盆栽选择的植株在株形、大小、高度、叶形、叶色等方面要有所不同，应高矮相配、大小相间，以达到高低错落、层次变化的效果。以观花植物为主的组合盆栽，在搭配时要注意花材的高低和花朵的大小，宜配置较小的观叶植物作衬托，才不会显得喧宾夺主，如图3.12所示。以观叶植物为主的组合盆栽，在搭配上也要注意高低、大小、形状的对比或协调等，才不会使画面显得平淡无奇，观赏性不强，如图3.13所示。同时，还应选择不同质感的植物材料进行搭配。质感是物体本身的质地所给人的感觉，不同植物所具有的质感不同。叶片的形状、大小、质地、排列方式、枝干粗细，均会产生不同的质感。颜色也会影响到植物质感的表现，深色给人以厚重与安全感，浅色则给人以轻快凉爽的感觉。如春季用粉色系显得特别浪漫柔情；夏季用白色或淡黄色，让人感觉清爽；节日或喜事宜选择大红色作为主色调，烘托热烈的气氛。但是组合盆栽色彩搭配不宜太丰富，只要互相协调，就会有赏心悦目之感。选择的植物必须是健壮、无病虫的植株，以达到观赏性强且观赏期长的目的，而且要求方便养护管理。宜选择生长较慢的中小型花卉种类，如青叶碧玉、长寿花、网纹草等。

图 3.12　观花组合盆栽　　　　　　　图 3.13　观叶组合盆栽

（c）充分运用植物的象征意义。运用植物的象征意义，来刺激消费者购买组合盆栽的欲望。比如，蝴蝶兰象征高贵、祥和；大花蕙兰象征幸福、快乐；凤梨象征财运高涨；长寿花象征长命百岁，用这些花卉作为组合盆栽的主花材，适宜节日送礼。

（d）充分运用植物的功能。绿萝、吊兰、虎尾兰、一叶兰、龟背竹是天然的"清道夫"，可以清除空气中的有害物质，适宜祝贺乔迁新居。

（e）盆器的选择与应用。应该根据设计组合盆栽的目的、摆放位置、周围环境、植物种类等综合因素来选取盆器，以达到整体统一、和谐共融的美感效果。

（f）组合盆栽种植时，宜先大后小，先高后低。

②组合盆栽设计原则。

制作组合盆栽时，一定要先根据盆栽的目的、摆放位置、环境等因素进行设计，然后再根据设计方案进行种植。组合盆栽设计应遵循以下原则：

（a）生态原则。组合盆栽是利用鲜活的植物进行艺术创作，各种不同的植物都要求相应的生态环境条件，组合时要挑选一些生长习性基本相同，对温度、光照、湿度和土壤的酸碱度的要求较为接近的种类。同时在一定的空间调整植物的高度位置，比如耐阴性强的植物可放置在低位，稍喜光的植物可放置在高处，尽可能使一个组合的持续时间变长。

（b）多样性统一原则。在进行花卉组合盆栽时，既要考虑花卉观赏的多样性，又要注意把握整个盆栽组合的统一性。多样性在于发挥个体花卉的姿态、颜色、韵味之美，多样的花卉植物可以增加空间变化性，丰富作品内涵。多样是统一前提下的多样。统一性则需要表现作品的整体效果，强调其整体美感。统一是多样的统一。常选用同种的不同品种花卉或同属的不同种植物进行设计。

（c）均衡协调原则。组合盆栽的前后、左右及上中下各部分要布置适宜。一般而言，下部花卉要生长茂盛、枝叶下垂，给人以稳重感；上部花卉要挺拔、有向上感；细叶植物靠后以示远景；大叶植物表示近景。在色彩搭配上，应注意色调一致，避免在视觉和情绪上造成冲突感。

（d）时间和空间原则。在花卉植物配置时，既要考虑当前观赏效果，还要留有足够的空间，以便日后植株长大时有充足的生长空间，并保持较好的观赏效果。

组合盆栽可大可小，丰富或简洁，热烈或婉约，可以应用到室内各个角落，体现出不同的情调，散发出生活的气息，带给人们不同的情感。目前非常流行的小盆栽，不仅摆放方便，如置于办公桌、书桌、电脑桌、茶几等处，而且可以给人们带来轻松愉快的心情，同时还具有吸附有毒气体、净化空气等功能。常见的植物有太阳神、芦荟、虎尾兰、富贵竹、马拉巴栗、巴西铁、长寿花、青叶碧玉等，配以高档而素雅的容器。

（3）盆景。

盆景是一种摆在盆中的微型景观，是运用不同的植物和山石等素材，经过艺术加工，仿效大自然的风姿神采和秀丽山水，在盆中塑造出一种活的观赏艺术品，如图3.14所示。其中包括：以树木为主要材料，山石、人物、鸟兽等作陪衬，通过蟠扎、修剪、整形等方法进行长期的艺术加工和园艺栽培，在盆钵中表现巨木葱茂景象的树桩盆景；以山、石、草、树在盆钵中排列组合构成的山石盆景；以树桩（多株）组合为主，同时又配之石材及其他素材构成景观的树石组合类盆景。微型盆景的标准一般限定在10厘米（或15厘米）以下，其体态微小却小中见大，玲珑精巧而有"参天覆地之意"。近几年来，微型盆景发展较快，因其小而轻巧，占据空间不大，而更适合于城市居民种植和室内摆放。微型盆景同样以树木、山石、盆钵为主要素材，体量虽小但气度不凡。将多盆微型盆景组合陈设于博古架上，则更具诗情画意。

图3.14 盆景

盆景是最具中国特色的室内绿化材料。它集园艺、美术、文学为一体，是大自然的缩影，是我国园艺界中的一枝奇葩。盆景善于把诗情画意融为一体，使人们获得美妙的艺术享受，故被誉为"无声的诗，立体的画"。盆景可用于装点庭院、美化厅堂，使人身居厅室却能领略丘壑林泉的情趣，在我国室内绿化中有着悠久的历史和重要的作用。常用的植物有柏类、松类、榔榆、朴树、贴梗海棠、罗汉松、六月雪、石榴、茶花、老鸦柿等。

（4）水培。

水培是一种新型的植物无土栽培方式，又名营养液培养。其核心是将植物根茎固定于定植篮内并使根系自然垂入植物营养液中，这种营养液能代替自然土壤向植物体提供水分、养分、氧气、温度等生长因子，使植物能够正常生长并完成其整个生命周期，如图3.15所示。

图3.15　水培

水培植物就是利用水及营养液栽培的植物。水培植物的组织结构根部疏松，细胞变大、吸收面积增加，适于水中生活。许多水培植物是在众多的植物品种中经过选育、驯化和水培适应性强化等过程培育而成的新型装饰用植物。水培植物不仅经济、卫生、清洁，还可花鱼共养，观赏价值高，是室内植物装饰的良好材料，也是陶冶情操、修身养性的植物精品。

近年来，我国已经成功培育了观叶类、观花类、多肉类等400多个品种的水培植物。观叶类水培植物有马拉巴栗、富贵竹、龟背竹、春羽、金钻、海芋、合果芋、袖珍椰子、文竹、万年青、粉黛万年青、吊兰、绿萝、吊竹梅、铜钱草、鸟巢蕨、豆瓣绿、苏铁等；观花类水培植物有红掌、白掌、白鹤芋、凤梨、风信子、水仙、小天使等；多肉类水培植物有龙舌兰、金琥、芦荟、蟹爪兰、山影拳、虎尾兰等。

家庭栽种水培植物要注意两点：一是水位高低问题，加水不能太多，植物的根部能吸水就可以了，水太多反而容易烂根；二是一定要定期换水。

2. 盆栽植物及其应用的特点

（1）成活率高，生长健壮。盆栽便于移动，可有效控制光照、温度、水分等生长条件，便于养护，成活率高，生长健壮。如冬季搬其入室，可保温防冻；夏天放置在阴凉之处，可防晒；开花期放到室内，可以防雨淋，延长观花期。

（2）搬动灵活，管理方便。盆栽植物由于移动方便，在不适宜移栽的季节，利用盆栽，也可以保证植物成活并且很好生长。这些观赏植物通常是在塑料大棚或玻璃温室等人工条件下栽培，通过人为调节生长环境，达到适宜观赏的生长发育阶段后摆放在需要装饰的场所以供欣赏，失去最佳观赏效果或完成装饰任务后再移走或更换新的观赏植物。

（3）摆放方式多样，受环境限制少。用以盆栽植物装饰的植物种类多，较少受到地域或环境适应性的限制，栽培造型方便。如会场、宾馆、家居等，是观赏植物应用最多的场所。

水培植物除了以上特点之外，还有以下特点：

（1）管理简单。水培植物依靠营养液提供养料，不必天天浇水、松土、除草、换土、施肥，只要定期更换植物营养液即可，非常适合快节奏的现代生活方式，因此容易被大众接受。

（2）清洁卫生。水培植物不需要泥土，只需适量的水和营养液，因此消除了泥土栽培因施肥、换土和浇水等过程造成的有害细菌在室内滋生、蔓延和传播等问题。由于营养液采用了特殊成分，避免了蚊虫在其中的滋生。水培植物取消了花盆底孔，花盆不会滴漏污泥、浊水，可以摆放在室内的任何地方，使室内环境更安全、更清洁、更卫生。

（3）观赏价值高。水培植物不仅生长健壮、整齐、花期长，而且容器选择范围更广。选择工艺化程度高的透明材质，既可展现土栽植物不易达到的灵秀，又比鲜切花作品的生命期长，还可在透明花瓶中养殖适量观赏鱼，花鱼共赏，让人更加喜爱。

（4）方便出口。水培植物由于具有环保、清洁的特点，相对容易通过相关的进出口检验。目前，我国已经有相当一部分花卉出口到美国、日本、比利时等国家，增加了我国花卉业的竞争力。

3.2.2　室内观赏植物应用配置方式

1. 点状配置

点状配置是指独立地将盆栽植物摆放在地面（见图3.16）、桌面、入口、窗台、柜角和墙角等处，是现在室内观赏植物景观配置最普遍、运用最广泛的装饰方式。

室内观赏植物点状配置常常用于装饰室内空间的重要位置，除了能增强室内空间的层次感外，还能成为室内的景观中心。如在楼梯或入口的两侧对称摆放大型盆栽植物，可以起到突出空间位置的作用。点状配置主要选用具有较高观赏价值的植物，如选用姿态、叶形独特，或色彩艳丽、芳香浓郁的植物，作为室内环境的某一景点，具有装饰、观赏和净化空气等作用。如酒店大堂常应用大型棕榈类植物，在造型上与高大的立柱达成呼应，同时弱化了单一立柱的光秃与孤独感。软质景观的应用为严肃的大堂

图3.16　点状配置

景观增添了生机，也给人以舒适、轻松的感觉。又如，在布置小空间时，也宜采用点状分布，可在适当的地方摆设规格较小的盆栽植物或水培植物等室内装饰植物。

2. 线状配置

线状配置是指选用体形、大小、色彩都比较一致的植物，以直线或曲线状连续摆放一排或几排（见图 3.17）。直线状配置表现端正、庄严的情态；曲线状配置则表现柔和、优美。

图 3.17　线状配置

线状配置常配合静态空间的划分、动态空间的导向来使用，起到组织和疏导的作用，一般用于布置窗台、阳台、楼梯等处。如在一些过道、楼梯性质的线性空间里，有节奏地摆放植物来增加空间的韵律感和趣味性。

3. 面状配置

面状配置是指将较多的盆栽植物，摆放成自然式或规则式几何图形，组成一幅天然的画面，使室内环境显得优美而又舒适。利用不同种类、不同高度、不同颜色和形状的室内植物，依照形式美的原则，使高大与低矮的植物混合搭配，形成高度上的层次感和富有色彩变化，并配以小品建筑、水体和山石等园林造景素材，营造出一个充满自然气息的室内植物景观。一般用作背景以衬托前方的景物或标志，有时也作为主景遮挡不美观的物体或者一些空间死角，如火车站休息厅（见图 3.18）。

室内观赏植物的自然式配置具有自然、变化多样的特点，植物按照自然群落组合摆放，取得高低错落、丰富多彩的效果，给人活泼生动、清新自然的感觉。这种配置方式一般用在阳台或轻松自在的室内环境当中。

图 3.18　面状配置

4. 墙壁式配置

墙壁式配置是指利用室内的墙壁，设置局部凸出的墙体或凹进的墙洞，或在墙壁上设置支架，放置盆栽植物，形成局部绿色景观。如图 3.19 所示，在一公共洗手间利用室内墙壁设置支架，放置盆器，种植不同的观赏植物，形成一幅绝妙的画卷，给人清新明快的感觉。此种配置方式

图 3.19　墙壁式配置

的应用是近几年逐渐流行起来的。

5. 悬挂式配置

悬挂式配置是指应用塑料、竹、藤等轻质材料制作成的吊盆或吊篮，装入轻质培养基质，将藤本植物栽入容器中，悬吊在壁面、立柱、顶棚或楼廊的边缘，任枝条花叶自然垂落，丰富室内空间的层次感，营造生动活泼的空间立体美感，且"占天不占地"，可充分利用空间。例如，某高速公路服务区卫生间内的观赏植物装饰，如图3.20所示。适宜于常春藤、吊兰、绿萝、吊竹梅、蟹爪兰等植物，它们飘曳的枝条、柔垂的叶片使室内空间充满了动韵。

图 3.20　悬挂式配置

随着带有中庭的高层建筑的增多，竖向空间的植物景观设计逐渐为人们所关注。如在酒店的天井状空间中，用垂直方向上的攀缘植物（如常春藤）来减弱人们对狭长空间的注意力，既增大了绿化面积，上下呼应，又使共享空间浑然一体，统一在绿色的景观中。

3 .3　室内观赏植物不同空间应用

3.3.1　大堂观赏植物应用

随着现代建筑物格局的变化，其功能也在不断完善。大型商场、宾馆、机场、博物馆、图书馆、行政机关单位等建筑物都设计有高大宽敞的大堂，每一个单位的大堂是展示该单位形象、文化的重要窗口。因此，每一个单位都非常重视大堂的设计和装修，当然其中也包括观赏植物的装饰。大堂中的观赏植物的布置应考虑到不同单位性质、不同功能需求和不同空间结构，另外还需要结合各种节日，营造不同的节日气氛或活动氛围，因此在设计上要因地制宜。

在一般大堂里，可以采用陈列的方式摆放盆栽植物（见图 3.21），在入口处、楼梯、通道两侧都可以散点、对称或线型摆放盆栽。这样不仅可以美化环境，还可以起到分隔空间、组织线路等作用，如有的大堂设有服务台、吧台、休息区、电梯等。因此，观赏植物装饰不仅起到美化环境、改善环境的作用，还有分隔空间的功能。

图 3.21 大堂观赏植物应用

大型商场的大堂常有两三层楼高，应用巨大参天的观叶植物做主景，中间穿插错落有序的低矮花卉植物，可使之形成自然景观。例如，大型商场和宾馆的大堂在春节期间常用大棵的桃花树并挂上彩球做主景，穿插低矮的一品红、蝴蝶兰、金橘等，寓意在新的一年里"红运当头"、"大吉大利"、"招财进宝"。

3.3.2　商务办公空间观赏植物应用

办公室是办公的场所，员工一周有五个工作日都要在办公室内度过，可以说办公室是员工的第二个家。同时随着办公自动化的普及，打印机、复印机等设备的普遍应用，加上地毯、壁纸、黏合剂等的使用，都在一定程度上污染了室内空气。

随着社会的进步，单位文化的不断发展，很多企事业单位已经越来越注重员工的工作环境，室内植物装饰就是改善工作环境的一种最简单有效的途径。办公室里除了必备的办公设备、家具外，花卉是最常见的物品，摆放盆栽花卉不仅可以减少污染物质、改善办公环境，而且可以使员工身心放松，工作压力得到缓解，有效提高其工作效率。常用观赏植物有吊兰、非洲菊、耳蕨、常春藤、铁树、龙血树（巴西铁类）、雏菊、万年青等，这些植物能较好地吸收甲醛，分解复印机、打印机排放出的苯和印刷油墨溶剂中的二甲苯，以及清除来源于复印机、激光打印机中的三氯乙烯。

一般来说，办公室空间是由很多个人空间组合而成的，而个人空间相对来说是较开放的空间，以便于相互之间的交流；董事长、总经理等单位领导的办公空间，因为要经常接待较为高端的客户以及进行业务的接洽，所以需要一个独立的、较为封闭的私密空间。

设计商务办公室的植物装饰时，应从整体的空间布局及环境特点来进行考虑。

办公室是脑力劳动的场所，相当于一个企业的大脑，指挥企业的正常运作。一个企业的创造力也来源于办公室各员工的创造力。因此，不仅要重视个人环境，还要兼顾集体空间，通过选择气味淡雅、色彩艳丽、形态多样的观赏植物来营造积极向上、生机盎然的空间环境，以此提高员工的创造性，并进而提高企业的创造力。从另一个方面来说，办公室也是一个企业整体形象的体现。一个大方整洁而布局得体的办公室形象，能增加客户的信任度，并且能给员工带来心理上的满足。在植物的布置上，也应该考虑这些因素。

　　有的单位比较注重企业文化，因此植物景观设计师或园艺设计师在进行室内观赏植物应用设计时，要掌握一些观赏植物的寓意等相关知识。比如，在董事长、总经理等领导的办公室里，除了摆放一些高档的观赏植物提升公司形象外，还可以有意识地增加一些有积极含义的植物，如有一帆风顺含义的粉掌、红掌（见图3.22A），寓意步步高升的巴西铁等，在财务室可以摆放一些含有财源滚滚意义的植物，如马拉巴栗（见图3.22B）、散尾葵、金钱树等；在一般员工办公室里可以适当配置一些小的桌面盆栽植物，如多肉多浆植物、芳香植物、观花植物等；在柜顶、空调等处，摆放一些垂吊植物，如吊兰（见图3.23A）、绿萝、常春藤（见图3.23B），以吸收辐射。这些观赏植物的应用，在改善办公环境的同时，还可以调节员工情绪、提高工作效率，为办公生活增添乐趣和色彩。

A　　　　　　　　　　　　　　　　B

图3.22　办公室观赏植物应用

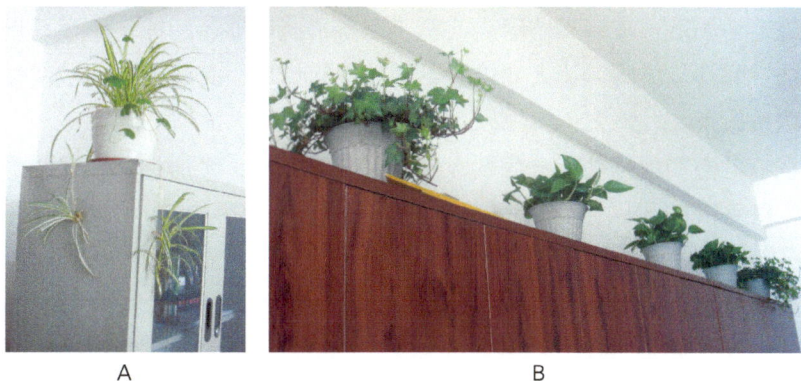

A　　　　　　　　　　　　　　　　B

图3.23　办公室观赏植物应用

在商务办公空间中进行植物应用设计时，要注意以下几点：

（1）出于便于管理养护和降低更换成本的需要，室内植物景观以常绿观叶植物为主（见图3.24），尽量少用可能导致花粉过敏和容易受病虫害的观花植物。

图3.24　办公室观叶植物应用

（2）由于夜晚员工下班后，建筑内部的供暖和照明设施也全部或部分停止工作，所以要选择比较耐寒、耐阴的室内观赏植物。

（3）由于某些植物具有较强的向光性，长时间单一方向(尤其是侧向)的光照会使植物枝叶向光源方向生长，影响观看效果，因此一段时间后应转换花盆方向。

3.3.3　宾馆、酒店观赏植物应用

酒店作为一个为出行者提供住宿、餐饮的服务场所，随着人们的要求越来越高，其性质也逐渐多样化。很多酒店已发展成为集住宿休息、工作、集会、娱乐、餐饮、购物于一体的综合性场所，某些高档酒店甚至还配备了游泳池、网球场等娱乐设施。酒店建筑具有多变的空间环境格局，让人们体验不同的空间情境，其建筑空间被实体或虚体所划分、围合、联系起来。

酒店的空间根据功能分为两大部分：公共空间、客房空间。这两个空间既要有明确的划分，以免相互干扰，又要有一定的联系，以方便旅客的其他活动；一般是被一条轴线分割开。公共空间一般包括大堂、餐厅、酒吧、会议室、健身娱乐中心、购物中心等公共场所。每一类场所又具有其特点，因此要分别针对它们的特征来进行植物装饰设计。而客房空间一般设置在较高楼层，相对较私密，通常由卧室和卫生间组成。根据档次的不同，客房可分为标准间、单间、多人间、套间、总统套房等。其形式、功能都比较单一，进行植物配置时相对较容易。如酒店电梯旁的绿植应用（见图3.25）、餐厅一角的绿植应用（见图3.26）。

图 3.25　酒店电梯旁的绿植应用

图 3.26　餐厅一角的绿植应用

3.3.4　购物休闲空间观赏植物应用

现代商业建筑，尤其是大规模的购物中心类建筑，常常使用自然元素装饰其室内空间，使空间内更增生气，并能使购物者或者游客的心情放松。

国外大型的购物中心常常采用线性空间布局，即在采光中庭的两侧布置分割好的单元商铺。采光中庭不仅组织交通，还提供休息设施，使人们在购物间隙能短暂休息。

在城市大型购物中心的设计中，通常成片的景观设计是和休息餐饮区结合在一起的。在其他地方，自然景观通常是以装饰元素的形式出现在交通空间中，有时具有一定的指示性作用，而不作为主要观赏对象。因为购物中心的主要目的是吸引人去观看陈列的商品，而不是去观赏建筑室内的景观。

在购物休闲类建筑室内进行植物景观设计时，要注意以下几点：

（1）由于建筑内部照明和供暖系统每天晚间会全部或部分关闭，而白天会有较高的室内温度和照度，因此要选择对环境变化适应性较强的植物。

（2）购物休闲空间，由于人流量较大，室内空气质量相对较差，应该选择一些对二氧化碳和有害气体吸收能力强的观赏植物，如棕榈、吊兰等。

（3）在顾客休息区域布置植物时，应注意：第一，盆栽不要有裸露的培养土，以免降低植物的观赏性，同时还可防止污染环境；第二，尽量不要将植物摆放在顾客能接触到的地方，以防人为损坏植物。

3.3.5　医院观赏植物应用

医院是不同于其他公共建筑的一类场所。这里主要是为生病的弱势人群服务的场所。医院与人的生命健康密切相关，这就需要通过植物来营造良好的室内环境和氛围，使在这个环境中的病人的情绪得到安抚，产生信赖感。

医院的内部空间环境大致包括：大厅、走廊、门诊、病房、候诊室、卫生间、护士站等。根据空间的大小，其内部空间环境大致分为大、中、小三类空间。就空间使用功能的不同和人流的差异来说，大空间人流量较大，滞留时间较短，多为开敞空间，如大厅、挂号处、收费处等。此类空间需提供很好的引导指示标志，在不影响人流通行的情况下，可应用少量绿色植物进行点缀，缓解病人及其家属的焦虑情绪，如图3.27所示。中空间大多为半开敞空间，如走廊、候诊室、护士站等。这些空间人群要稍微疏

图 3.27　医院大厅观赏植物应用

松些，多采用通透隔音的隔断材料，这样既能观察到室内的情况，又不会打扰房间内的活动。小空间人流量较少，活动性弱，为安静区，属于封闭空间，如诊室、病房等。此类私密空间更有利于保护病人的隐私，多采用暖色调来缓解病人的紧张情绪。

3.3.6　家居观赏植物应用

随着市民环境意识的不断提高，家庭绿色植物已逐渐成为生活必需品，人们用各种植物装点着生活环境，基本上形成了"家家有绿植"的景象，未来还会出现"户户有鲜花"的美好景象。近年来，随着机关和事业单位对花卉用量需求的急剧减少，花卉市场也由政府主导向市场主导转变。许多花卉企业开始关注、主攻家庭花卉消费，并开始进行中小型盆栽的生产和销售，有的企业针对家庭开发各种造型的盆器，如小汽车、小动物等。在小汽车盆器中种植多肉植物，富有童趣，非常适合装饰儿童房间。近年来，国家提出的生态文明建设以及"美丽中国"的口号，也需要广大的社区居民共同参与才能实现。

在家居空间摆放观赏植物时，需要注意以下两点：

一是因人而异，随性选花。选择植物进行居室绿化的主要目的是满足人们美化和改善居室环境的需要，因此要根据人们的爱好、兴趣、习惯和需要来选择植物。如事务繁忙的人，宜选择景天科植物、龟背竹（见图3.28）等不需精心料理的花卉；乔迁新居者，宜选择虎尾兰、芦荟、吊兰、菊花、苏铁等净化空气的"健将"，减少装潢造成的空气污染；等等。为表现特殊的植物装饰效果，可依据植物的象征意义而做出选择，如铁海棠突出刚强不屈的性格、竹子体现坚忍不拔的风骨、文竹展现清秀俊雅的姿态等。

二是因地制宜，依室选花。居室绿化植物的选择要因地制宜，考虑到居室的空间状况。宽敞的居室宜选用体大、叶大、色艳的植物，如散尾葵、橡皮树、大叶伞、朱蕉、变叶木等；狭小的居室宜选用体形小、株形长的植物，如巴西木、马拉巴栗、常春藤、文竹等，也可选用垂吊植物或组合盆栽植物。小型组合盆栽摆放在梳妆台或书桌上，如图3.29所示，就可体现出"室雅何须大，花香不在多"的意境。

图 3.28　龟背竹

图 3.29　小型组合盆栽

近几年流行在家居空间内摆放一些具有杀菌功能的观赏植物，这样既可以观赏，又可以起到杀菌的效果。若在居室内摆上一盆柑橘、迷迭香或香桃木等，空气中的细菌和微生物数量就会大大减少。

一般，家居空间可分为门厅、客厅、书房、卧室、餐厅、厨房、阳台、卫生间和浴室等功能区。在进行植物布置时，根据以上两点，合理选择植物，科学摆放，才能发挥其最大生态效益、美化效益和精神效益。

1. 门厅

门厅是居室的入口处，包括走廊、过道等。门厅的装饰要给人以先入为主的第一印象，或豪华、浪漫，或规整、庄重，或高雅、简洁，都能从门厅的装饰中有所感受。

居室的门厅空间往往较窄，有的只是一条过道。它是进入客厅的必经通道，且大多光线较暗淡。此处的绿化装饰大多选择体态规整的巴西铁或攀附为柱状的绿萝等；根据空间结构也可采用吊挂的形式，选用吊兰、吊竹梅等，这样既可节省空间，又能营造活泼的气氛。

总之，该处绿化装饰选配的植物以叶形纤细、枝茎柔软为宜，以缓和空间线条。

2. 客厅

客厅是日常起居的主要场所，是家庭活动的中心，也是接待宾客的主要场所，所以它具有多种功能，是整个居室绿化装饰的重点。植物布置设计要本着华贵、庄重、大方、自然、优雅的原则进行。因此在选用植物上应注意：第一，种类不要太多，以免给人留下一种杂乱的感觉，力求庄重、大方。第二，植物摆设和其他饰物一样，要能反映主人的爱好、性格、知识及艺术品位。如在客厅靠近门的位置摆放一盆绿萝，就能展现主人坚韧善良、热情好客的美好品质。第三，客厅也是家人聚会的地方，植物布置设计要活泼、有趣，它有利于家人之间情感的沟通和交流，可增进幸福感。第四，要根据家具式样与墙壁色彩来选择合适的植物种类。

（1）装修华丽、空间宽敞的客厅。选择造型简单、枝叶朴素的植物能更好地起到衬托作用。如在茶几上，摆放一盆铁树，它挺拔伟岸，枝叶浓绿且带有光泽，给人一种古朴典雅之感；在沙发的一侧，配上一盆龟背竹，那会使客厅增添生机；在宽敞的玻璃窗前或者电视机旁或者拐角处，摆一盆高大的观叶植物（见图3.30），如马拉巴栗、棕竹、幸福树、虎尾兰等，既大方又有气势，还利于远观。

在台柜上摆放垂吊植物，在工艺品格里摆放小型盆景或盆栽，能增加趣味感。在茶几或桌案上，摆放体型较小、形态娇美的小型盆花（见图3.31），如水仙、小幸福树、香石竹、长寿花、蟹爪兰、铜钱草、圆叶竹芋、孔雀竹芋、"黄金小神童"大花蕙兰和"亚利桑那"红掌等绿植，或季节性花卉、多肉小盆栽等，有利于人近赏。

一般说来，春天应以赏花为主；夏天则以观叶为主，可配置文竹、彩叶芋、冷水花等素净、充满凉意的花卉；秋天可配置秋菊、金橘、珊瑚豆等观果盆花；冬天则多用一品红、山茶、水仙、梅花等进行点缀。值得注意的是，客厅的茶几上不适合摆放过高或过于茂盛的植物，以免影响视线。

图3.30　客厅盆栽摆放

图3.31　小型盆栽（铜钱草、蝴蝶兰）

（2）简朴的客厅。选择一盆造型优美、叶色富于变化的美丽的植物，可令房间充满生机与活力；也可以选择一个小工艺品配上小盆栽，突显温馨与浪漫，充满生活气息。在茶几上摆放一盆比较名贵的君子兰，它叶色浓绿宽厚，花朵鲜艳但不娇媚，给人以端庄大方之感。如果在客厅的一角配上一盆潇洒的翠竹，则使您的客厅更显得朴实无华。翠竹的挺拔与秀丽，引人遐想。如果有条件的话，还可在客厅的博古架上摆上一盆银边吊兰，吊兰的枝叶下垂，非常别致有趣，可给客厅增添生活的情趣。

许多居室的客厅连着餐厅，可以用植物做间隔，如用绿萝等形成一面绿墙，显得美观、优雅。这样的设计既可以起到装饰、美化的作用，还可以改善室内空气质量。

3. 书房

书房是看书、学习的地方，一般面积都不大。首先，为了创造一种优雅、宁静的气氛，观赏植物种类不宜过多，以观叶植物或颜色较浅的盆花为宜。其次，书房最能反映主人的爱好和文化修养，不同职业、不同文化层次和不同年龄的人爱好有所不同，追求的品位也不同。因此，在进行居室书房观赏植物应用设计前，一定要先掌握主人的基本情况和特殊需要，然后再进行植物的选择和应用。

家庭中的书房在进行观赏植物布置设计时（见图3.32），一般在书桌的侧前方可摆放一盆稍大的观叶植物，显得宁静，有利于看书学习时调节大脑神经和缓解视觉疲劳；桌面上宜摆放一些小型素雅的盆栽、微型盆景、小型多肉组合盆栽或水培花卉，如兰花、水仙、风信子、富贵竹、竹芋、文竹、铜钱草、芦荟等，显得或高雅，或文雅清静，或有趣；书架上方可摆放一盆垂吊植物，如常春藤或绿萝等，显得潇洒、飘逸。

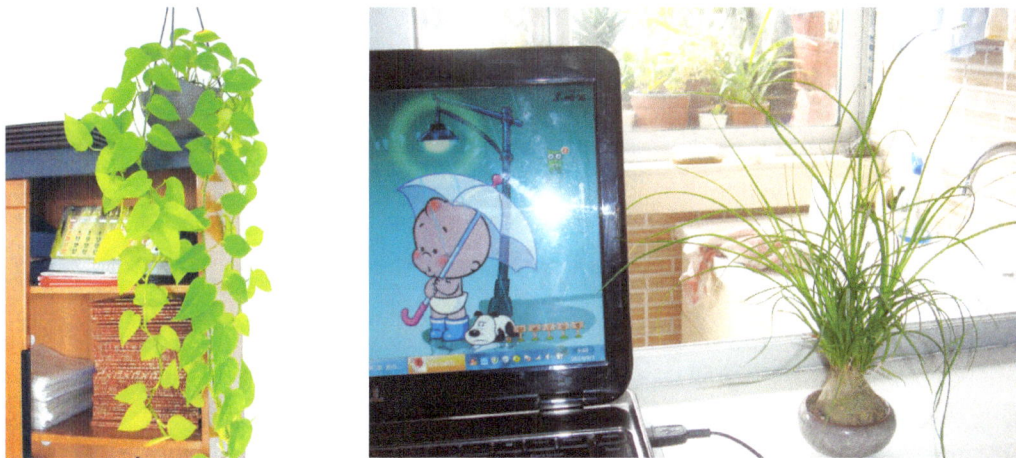

图3.32　书房摆放盆栽植物

4. 卧室

卧室是人们睡觉休息的主要场所，人的一生大约有1/3的时间是在睡眠中度过的，所以卧室的布置装饰也显得十分重要。可以通过植物装饰来营造一个能够舒缓神经，解除疲劳，使人放松的卧室空间。一般情况下，卧室有较多的家具，空间相对狭小，因此，卧室在进行观赏植物布置设计时，要注意以下几点：

第一，卧室装饰的观赏植物数量不宜太多，因为自然界大多数植物都是白天进行光合作用，晚间释放二氧化碳，只有多肉多浆的仙人掌科、景天科等观赏植物，如蟹爪兰、熊童子、条纹十二卷等，才在夜间吸收二氧化碳，净化空气。

若卧室较宽敞，可选择一盆中型绿植（如螺纹铁、虎尾兰）摆放在墙角，或在床头柜上放置一盆小型多肉植物。这样，卧室就会显得既有活力又有意境了。若卧室面积不大，则可选择小型盆花点缀于柜顶，如常春藤、吊兰、绿萝等呈下垂姿态的蔓性、匍匐性花卉，以加强立体感，突破家具的单调构图，给人一种新颖、活泼的感受。若卧室面积较小，不妨摆上一些小型的多肉植物，如玉兔耳、黑王子、生石花之类。

第二，卧室中摆放的观赏植物要与装修、家具等协调。如卧室墙面或家具的基调较深，宜点缀叶色较淡的盆花，如马蹄莲、彩叶芋等；反之，则宜点缀如君子兰、万年青等叶色较深的盆花。

第三，卧室中摆放的观赏植物应尽量远离床，并且夜间最好搬到卧室外。

5. 餐厅

餐厅是一家人每日团聚、进餐休息的场所，所以应该营造一种愉悦、舒适的空间环境，色彩不应太亮或太暗，以免给人造成兴奋或抑郁的感受。餐桌是餐厅中必不可少的一件家具，一般可在餐桌中央放置季节性的花卉。例如，夏季可用彩叶草，置于餐桌中央，供人观赏。另外，还可以用一些食用植物盆栽（包括块根、块茎等），如火龙果种子盆栽、生姜块茎水培、芋头块茎水培、大蒜水培、观赏椒盆栽等，用它们装饰餐桌，不仅可以观赏，而且能增加食欲。还可以摆放一些多肉植物（见图3.33），也会起到意想不到的效果。适宜放置在餐厅中的植物，包括龙血树类、椰子类、凤梨类、蔓性植物等；盆花不妨用非洲紫罗兰、秋海棠类、报春花类及仙客来等小型植物。

图3.33　餐桌摆放多肉植物

6. 厨房

厨房通常设置在离餐厅较近的位置，一般面积较小，里面的厨具设施相对较多，且容易变得杂乱；室内温度较高而且变化大，常有油烟和水渍，在日常生活中需经常做清洁。根据这些特点，首先，厨房观赏植物布置总体原则是宜简不宜繁、宜小不宜大。其次，厨房由于有比较大的油烟，不适合栽种比较娇贵的花卉，而是应该选择一些适应性强、吸收油烟效果好的小型盆栽观赏植物（见图3.34），如吊兰、观赏蕨类植物、仙人掌科植物、景天科植物等，可放在厨房食物柜或窗台等处；也可以选择小型悬挂植物，悬挂在离灶台较远的墙壁上，这样既不占空间，又可以美化环境、净化厨房空气。值得注意的是，厨房不宜选用花粉太多的花，以免开花时花粉散入食物中；不宜选用有刺激性气味的花卉；摆放的花卉要尽量远离火源。

图3.34　厨房盆栽植物应用

7. **阳台**

阳台作为建筑的外延体，一般光线和通透性都较好，是人们在家里接触室外环境、晾晒衣服、设置景观的一块区域，不仅具有实用价值，还具有景观功能。阳台摆放花卉的主要形式有：①悬垂式（见图3.35）。用小容器栽种吊兰、矮牵牛、天竺葵等，美化立体空间；也可在阳台栏沿上悬挂小型容器，栽植藤蔓或披散型植物，使其枝叶悬挂于阳台内外，从而美化围栏。②攀缘式（见图3.36）。利用阳台上的防盗栅栏把藤本花卉或葡萄、瓜果等蔓生植物的枝叶牵引至架上，形成藤架。③摆放式（见图3.37）。小型盆栽花卉直接摆放于阳台台面或阳台地面上。④花架式（见图3.38）。较小的阳台为了扩大种植面积，可利用阶梯式或其他形式的盆架，在阳台上进行立体盆花布置；也可将盆架搭出阳台之外，向户外扩展空间，从而增大绿化面积。⑤混合式（见图3.39）。根据实际情况，兼顾前面几种形式，进行阳台绿化美化。

图3.35 悬垂式

图3.36 攀缘式

图3.37 摆放式

图3.38 花架式

图3.39 混合式

目前，随着人们对居室理念的改变，阳台也从传统的晾晒衣服场所，向景观小花园、阳光室等多功能方向发展。利用阳台空间来种菜、养花（见图3.40），既实用、生态，又可强身健体、陶冶情操。

图3.40　阳台观赏植物应用

在阳台上布置植物时，可以选择一些既可食用又可观赏的花卉进行种植，如香花植物茉莉花、金银花等，香料植物薄荷、迷迭香、芫荽等。

8. 卫生间和浴室

一般来说，卫生间和浴室面积都较小，空间湿度较大，通风、通气条件较差，光线阴暗，而且容易产生一些难闻的气味，不利于植物生长。因此，可选用一些抵抗力强且耐阴喜湿、能够吸收异味的室内观赏植物，如肾蕨、铁丝蕨、翠云草、常春藤、绿萝（见图3.41）等。也可在洗漱台上摆放一小盆花卉，也可在卫生间大块的墙壁镜边悬挂吊篮来种植耐湿性强的花卉。

值得注意的是，所选的花卉必须是耐湿性较强的花卉，如果选用的是喜干性花卉，则容易因为环境湿度过大而导致花卉腐烂，并易引起病虫害。此外，摆放的花卉，其色调、姿态和风格都应与卫生间的风格相协调。

图3.41　卫生间观赏植物应用

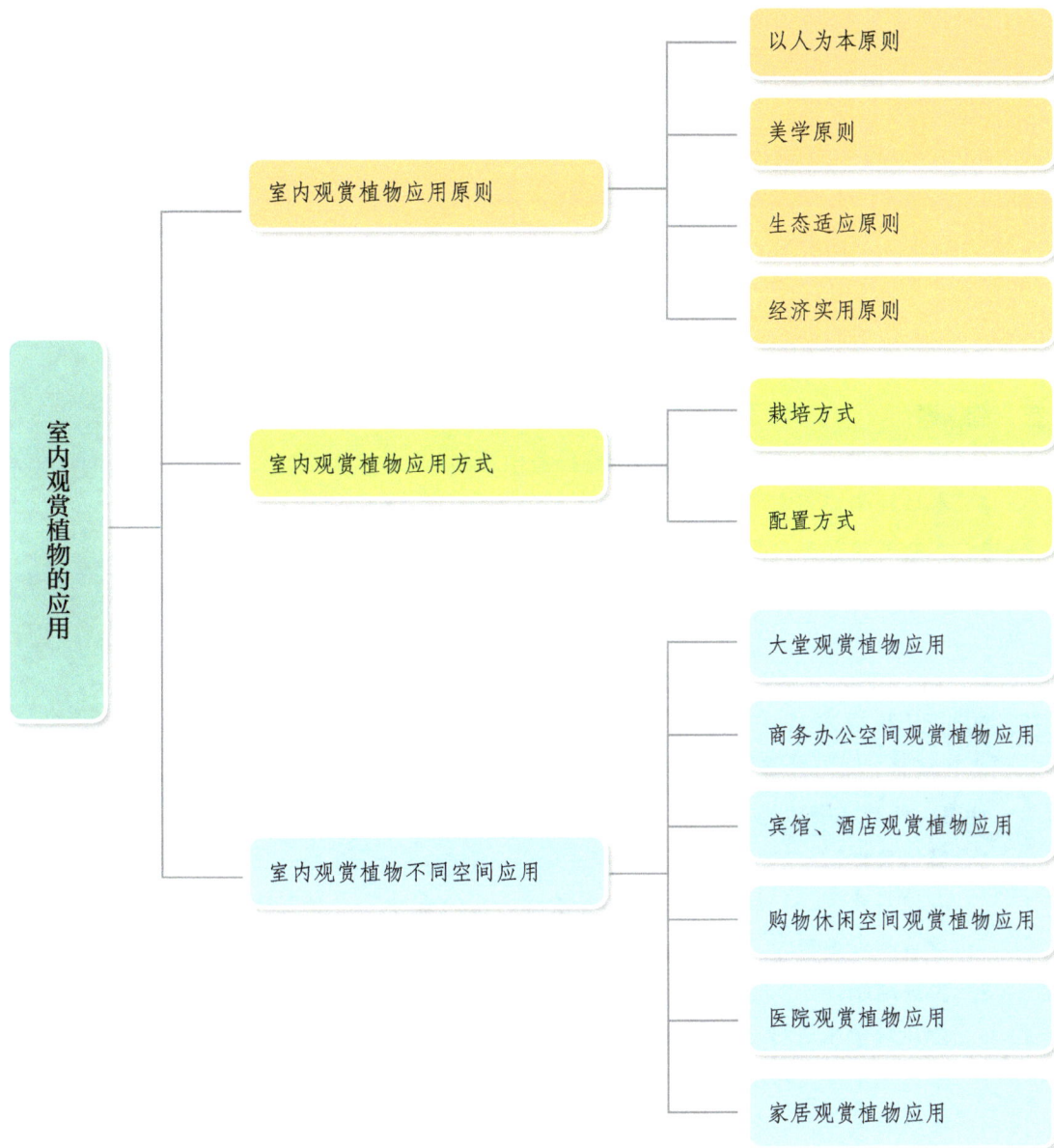

要点回放

室内观赏植物的应用
├─ 室内观赏植物应用原则
│　　├─ 以人为本原则
│　　├─ 美学原则
│　　├─ 生态适应原则
│　　└─ 经济实用原则
├─ 室内观赏植物应用方式
│　　├─ 栽培方式
│　　└─ 配置方式
└─ 室内观赏植物不同空间应用
　　　├─ 大堂观赏植物应用
　　　├─ 商务办公空间观赏植物应用
　　　├─ 宾馆、酒店观赏植物应用
　　　├─ 购物休闲空间观赏植物应用
　　　├─ 医院观赏植物应用
　　　└─ 家居观赏植物应用

✏️ 课后体验

体验一　考一考

一、填空题

1. 室内观赏植物应用原则分别为_____、_____、_____和_____。
2. 室内观赏植物应用配置方式有五种，分别为_____、_____、_____、_____和_____。

体验二　想一想

二、简答题

1. 室内观赏植物应用时，应如何遵循美学原则？
2. 水培植物应用有哪些特点？
3. 在新家客厅里，摆放什么植物比较好？

体验三　做一做

三、实训项目

实训项目 3-1：选择一种室内空间形式，制订室内观赏植物应用的设计方案并绘制设计图，然后在全班进行汇报。

1. 实训目标

   通过实践训练，培养对室内观赏植物应用的设计能力和实际操作能力，同时进一步培养审美能力。

2. 实训组织

   教师对学生进行分组，每组 3 人，各组推选组长，由组长负责组织讨论和任务分配，完成方案和设计图，并确定代表人选上台讲解。

3. 实训要求

   每组讲解时间 5 分钟，讲解形式不限。

4. 评价内容

序　号	评价项目	分值（分）
1	方案设计能力	50
2	设计图美观	10
3	汇报情况	20
4	学习态度	10
5	团队合作能力	10

第4章

室内观赏植物的养护

SHINEI GUANSHANG ZHIWU
DE YANGHU

⊕ 学习目标

▶ 知识目标

1. 掌握观赏植物的养护要素（如温度、光照、水分、土壤与肥料、病虫害、修剪整形等）的相关知识。

2. 了解室内环境特点和养护具体要求。

3. 理解并掌握室内观赏植物对环境要素的要求和具体的养护措施。

▶ 技能目标

1. 培养室内观赏植物的基本养护能力。

2. 掌握室内观赏植物养护的实践操作能力。

⊂ 引例

我家的花儿怎么了？

邻居张阿姨端午节逛花市时，看到花市一盆盆盛开的龙船花，开得红红火火、热情奔放。张阿姨非常喜欢，马上就从中挑选了一盆买回家，放在客厅茶几上。可是慢慢地，龙船花的花儿谢了，有些叶子开始变黄了、掉下来。张阿姨连忙又是浇水又是施肥，最后却发现龙船花非但没有"起死回生"，反而加速"死亡"了。张阿姨郁闷不已，很是难过。

? 问题

1. 请你分析龙船花死亡的原因。

2. 针对张阿姨家龙船花出现的问题提出解决的措施。

知识研修

随着室内观赏植物在商场、酒店、办公场所和家居等室内空间的普及，越来越多的人开始关注室内观赏植物的养护。办公室内、公交车里时常能听到各种关于植物养护问题的探讨，甚至邻里间茶余饭后、休闲、散步时也常就这些问题切磋交流。其中，有一个很简单的问题常常被养花的朋友们问及："植物刚买回时光鲜亮丽、郁郁葱葱，但是过不了多久就出现枯萎、落叶等现象，它到底怎么了？"

很多人将其归于肥水不足、养护不当。于是，浇水、施肥轮番上阵，连日忙碌后却发现植物非但没有"起死回生"，反而加速其"死亡"，让人郁闷不已。

4.1　室内观赏植物养护基础知识

4.1.1　室内观赏植物光照管理

　　光照是绿色植物进行光合作用能量的源泉，也是室内观赏植物生长最敏感、最重要的生态因子。植物只有利用光照才能进行光合作用，吸收二氧化碳，释放氧气，合成有机物。不同的室内观赏植物对光照的强度、长短、光质有不同要求，这是长期生长在一定的环境条件下形成的，也是植物进化的结果。因此，我们要清楚不同的植物喜欢什么，害怕什么，什么环境更有利于它们茁壮成长，也就是说，一定要掌握花卉的习性，因花制宜，才能养好植物。

　　根据以上所述，室内盆栽植物在光照管理方面应注意以下几点：

　　（1）根据盆栽植物的阳性、耐阴、阴性的生态习性而选择摆放在室内适宜光照区。也就是说，要想观赏植物在室内生长较好，保持新鲜美丽，就必须将其陈设在室内适当的位置，尽可能满足其对光照的要求。如不同朝向的房间光照差异明显，不同的植物对光照的要求不同，应根据室内的光照条件选择适宜的植物。如喜光的阳性植物，宜放在南向阳台或阳台外花架上或者南向窗户旁边；阴性植物，则可以放在光照较少的适当位置。

　　（2）室内光照为单向射入，因阳性植物趋光性强，在室内某位置固定摆放较长时间后，向光源一侧和背光源一侧的光照强度差异较大，从而影响盆栽观赏植物的均衡生长，易导致植物株形倾斜，影响观赏效果，所以应定期转盆或更换植物的放置位置。

　　（3）阴性植物除冬季应摆放在向阳空间，接受充足阳光外，其余季节在室内光线较弱区域摆放一段时间后，也需要移至光照明亮区养护数天，但不宜放在直射阳光下。

　　（4）许多室内观叶的阴性彩叶植物，若摆放在阴暗区域的时间过长，得不到足够光照，其叶面上的彩色斑纹会明显减少，甚至不明显。

　　（5）室内因玻璃阻挡，透入的紫外线较少、红外线较多，因而室内植物较室外生长植物容易出现色泽浅淡、茎叶徒长等现象。所以结合养护，可定期或者不定期将盆栽植物搬到室外或室内光照较多的位置调养数日，可使植物更好地生长，枝繁叶茂，呈现出最美观赏形态。

4.1.2　室内观赏植物温度管理

　　温度是影响室内观赏植物生长的重要环境条件。观赏植物的特殊叶色、叶质都是在特定的温度环境中形成的，不同的观赏植物在漫长的进化过程中所形成的对温度的要求也各不相同。

大部分室内观赏植物起源于热带、亚热带，要求较高的温度。一般来说，其生长的最适温度为 25~30℃，有些在 40℃ 的高温下仍能旺盛生长，但大多不耐寒，温度降到 15℃ 以下其生长速率就会下降。因此，冬季低温往往是限制植物正常生长的最大因素。

由于原产地的不同，各种植物所能忍耐的最低温度也有差别。如万年青、孔雀竹芋、变叶木、花叶芋、龟背竹等植物的越冬温度需在 10℃ 以上；龙血树、散尾葵、袖珍椰子、夏威夷椰子、马拉巴栗、吊兰、虎尾兰、垂叶榕、鹅掌柴、凤梨类等植物的越冬温度需在 5℃ 以上；荷兰铁、丝兰、酒瓶兰、春羽、天门冬、鹤望兰、常春藤、棕竹等植物的越冬温度需在 0℃ 以上。

根据植物对温度的反应，对于无加温设备的室内盆栽植物应注意以下几点：

（1）冬季来临前，根据盆栽植物对温度的要求，可将盆栽摆放在离热源不同距离处，以获取合适的温度；或用塑料袋、报纸包扎；也可将盆栽集中在一起，用塑料薄膜罩住保温。

（2）冬季要减少浇水次数和浇水量，保持盆土适度干燥，以免烂根或受冻。温度越低，盆土越需干燥。

（3）浇水宜用接近室温的水，温差太大的水，会引起植物不适应，容易引发病虫害。

（4）夏季 30℃ 以上的高温会对盆栽植物生长不利，也需要进行保护处理。例如，可通过加强空气流通，或者喷水等措施降温。

总之，室内观赏植物在寒冷冬季或者高温夏季摆放时，一定要根据不同植物对低温或高温的忍耐能力选择合适空间，或者进行增温或降温处理，否则会由于温度过低或过高而造成植物出现冻害、热害甚至死亡的现象。

4.1.3　室内观赏植物水分管理

室内观赏植物的养护管理中最重要的一环就是对植物进行浇水管理。一般情况下，应该遵循"宁干勿湿"、"不干不浇，浇则浇透"的原则。浇透即每次浇水时要浇到盆底排水孔有水渗出为止，最忌讳浇水时只淋湿表面一层土或者水流如注，猛浇猛灌，应该用细流一点一点浇灌，直到把整盆土浇透。实际上，观赏植物是具有生命力的活物，会随着环境、天气的变化而产生不同的需求，浇水量的多少、浇水的间隔、浇水时间都必须根据植物类型、房间的温湿度、光照条件和季节来确定。对于大多数植物来说，在生长和开花季节，即春末和夏季，浇水量要适当多些，特别是夏季气温高，最好能做到每天浇水一次；而在冬季，许多植物多处于休眠或半休眠状态，要保持土壤偏干，不能使盆土过湿，否则容易烂根，同时，土壤偏干有利于提高植物的抗寒能力。

总之，室内观赏植物在水分管理过程中，应注意以下几点：

（1）适量浇水。适量是指既满足水分的供应，又不影响根系对氧气的吸收和利用。一般而言，以盆土湿润又不积水之量为佳。水分供应过量，盆土过湿或有积水，就会造成土壤中空气不足而呈缺氧状态，以至于根系窒息死亡，地上部枝叶发黄、萎蔫；同时，根部厌氧菌大量繁殖，不断产生硫化氢、氨气等有毒物质，进一步加剧根系中毒腐烂而死亡。水分供应不足，盆土缺水，根系吸水不够，而地上部枝叶由于蒸腾作用仍在失水，从而出现叶片萎蔫下垂的生理干旱现象，如长时间缺水，就会导致植物死亡。

知识链接4-1

家中无人如何保证花卉不缺水

因出差、旅游、探亲，家中无人时，照顾好家里的花木就成了问题。其实，只需把花卉分为耐旱的和喜水的两类，耐旱的品种如果属于粗贱的植物，出发之前把泥土淋湿淋透，植株就不至于很快被旱死。对喜水的花卉，如果是名贵品种，可采用下列方法：

（1）滴灌。用小胶管插在花卉的多根部位，让水分慢慢滴入。也可将一个塑料袋或器皿装满凉水，找一根吸水性较好的宽布条，布条一端放入器皿水中，另一端埋入花盆土中。这样，至少半个月土质可保持湿润，花木不至于因缺水枯死。

（2）坐水。把花盆放在一个较大的盛满清水的浅盆上，泥土可从盆底慢慢吸入水分。

（3）埋沙。对一些小巧玲珑的花草，连盆一起埋入湿沙里面，可以保持泥土湿润。

资料来源：佚名.家中无人如何保证花卉不缺水[EB/OL].(2013-09-14)[2015-06-30].
http://www.q0760.com/news/detail/20574.html.

（2）适时浇水。在植物需要水而体内水分和盆土中水分却不能满足其所需时，就必须供应水分。一般，盆土表面干燥、底部微湿时，就需要浇水。夏天给植物浇水应安排在早晚，而冬天浇水则应安排在中午，使得浇水时水温与室内温度接近，避免水温过高或过低引起植物不适，出现"感冒"甚至死亡现象。春秋季可以任意安排时间浇水。

知识链接4-2

炎热夏天中午不能用冷水浇花

炎热的夏天，中午的气温很高，花卉叶面的温度甚至高达40℃，温度的升高导致花卉蒸腾作用加强，同时水分蒸发加快，根系需要不断地吸收水分，以补充叶面的蒸腾损失。如果此时浇冷水，虽然盆土中增加了水分，但由于土壤温度突然降低，根毛受到低温的刺激，水分的正常吸收会受到阻碍。这时由于花卉体内没有任何准备，叶面气孔没有关闭，水分失去了供需平衡，导致叶面细胞由紧张状态变成萎蔫状态，使植株出现"生理干旱"、叶片焦枯等现象，严重时甚至会引起全株死亡。这种现象在草本花卉中尤为明显，如天竺葵、翠菊等最忌炎热天气时在中午浇冷水。因此，夏季浇花时间以早晨和傍晚为宜。

（3）对于喜湿植物，在夏天除向盆内浇水外，还需向叶面喷水，保持叶面湿润，使叶色亮绿，观赏价值高。

（4）在室内放置的观叶植物，每次浇完水要把积聚在承接器皿中的水分处理掉，否则容易烂根，而且在夏天这些积水很容易滋生蚊虫，影响人们的正常生活。

（5）在给一些使用树蕨柱支撑栽培的观叶植物（如绿萝、常春藤等攀缘植物）浇水时，因多数树蕨柱上也着生有根，所以要从植株的上部浇水，使树蕨柱也得到水分，更好地促进观赏植物根系和植株生长。

（6）水质要保证洁净，不能用污水、茶水、洗菜水等没有经过处理的水喷浇植物，否则很容易引起植物烂根，造成生长不良，甚至死亡现象。但是当茶水、洗菜水、淘米水等经过发酵处理后，不仅可以浇灌花卉，还可以给植物补充养分，促进植物健壮生长，更好地呈现健康美态和景观效果。

🔗 知识链接4-3

"扣水"与"回水"

"扣水"是指在盆花生长期中，不浇水或少浇水以限制其生长，使养分得到积累，而利于花芽分化形成花蕾。如盆栽梅花、碧桃等花木时，在新梢长到20厘米左右时，就要开始"扣水"。几天后，植株因缺水，顶端叶片呈萎蔫状，这时再少量浇水，使叶片复原。如此反复几次后，枝条顶端生长受到抑制，从而使养分集中，促成花芽分化。

一些高档盆花如杜鹃花、茶花、茉莉、白兰花等，在头天傍晚施液肥后，翌晨必须再浇清水，称为"回水"。它可以促进须根吸收肥分。因为头一天傍晚施的肥，经过一晚的渗透干燥，肥分浓度会增大，这样不仅不容易被根毛吸收，反而容易伤根。因此，浇"回水"可稀释盆土中的肥分，而有利须根的吸收。

资料来源：佚名.什么是"扣水"和"回水"[EB/OL].(2012-04-07)[2015-06-15].
http://www.yyhh.com/flower/1/21728.html.

🔗 知识链接4-4

水培富贵竹叶片发黄怎么处理

水培富贵竹若出现叶片发黄现象，可从以下两个方面寻找原因：一是检查水质，主要是看根系是否新鲜，如因水质原因导致根系腐烂，则应换用凉开水。二是检查摆放场所的生态条件，如光线过暗、闷热不通风、空气干燥等，均会造成叶片发黄；但如果摆放的位置光线过强，同样也会造成叶片发黄、失色。

若是光线原因所致，可先将黄叶剪去，将腐烂的根系也一并剪去，再为其创造一个清洁、适温、凉爽、湿润和有较好散射光的环境。若是水质不洁所导致的根系腐烂，可先剪去黄叶，症状不严重时，宜经常换水，将其摆放于通风而又阳光较为充足的位置，进行恢复性养护；症状严重时，应适当喷施农药或在水盘中加入少量杀菌剂。

资料来源：优美 . 水养富贵竹叶片发黄的原因及处理方法 [EB/OL]. (2012-04-13)[2015-06-30].
http://www.yuhuagu.com/zhensuo/2012/0413/2728.html.

4.1.4　室内观赏植物土壤与肥料管理

盆栽花卉的根系只能在一个很小的土壤范围内活动，所以对土壤的要求很严格。应尽量选择有良好的团粒结构，疏松而又肥沃，保水、排水性能良好，同时含有丰富腐殖质的中性或微酸性土壤。这种土壤重量轻、孔隙大、透气性好、营养丰富，有利于花卉根系发育和植株健壮生长。这就需要选用人工配制的培养土（根据花卉的生长习性，按比例混合而成，以满足不同花卉的生长需要）。多数盆栽花卉的培养土可用腐叶土 4 份、园土 4 份、河沙 2 份配置而成。

知识链接 4-5

洋兰的栽培基质

在国内蝴蝶兰、大花蕙兰、卡特兰等被称为"洋兰"。洋兰在国内越来越流行，很多人春节时会购买洋兰，待其开花后便想自己栽种，以期翌年能重新开花。洋兰多是肉质根，为附生兰，不能像其他花卉栽植于泥土中，而需要专门的栽培基质。

1. 水苔

水苔是一种天然的苔藓，又名泥炭藓，为泥炭藓科植物。其吸水能力强、质地十分松软，是大规模生产洋兰中最常见的栽培基质之一。使用时通常在使用前 1 天，将其泡在水中浸透。栽种时，再将多余的水分挤干。但水苔含有的养分少，用它栽培洋兰必须注意施肥。另外，水苔不太耐腐烂，通常使用 2 年左右就应及时换盆并更换新的基质，否则水苔腐烂时产生的酸液会导致洋兰烂根，影响植株生长。

2. 蕨根

通常是指蕨根类植物紫箕的根。用其栽种洋兰已有多年的历史，且十分成功。蕨根通常为棕黑色，有粗有细，盆栽洋兰时不易腐朽，可连续使用 3~4 年。使用前需将其剪成 2~3 厘米长的小段，去掉附着的泥土，可单独使用，也可与水苔混合使用。

3. 树皮块

红杉、龙眼、栎树、红松等的树皮块，均可做洋兰的栽培基质。但要加工成直径 0.5~1.5 厘米的颗粒，并将其分成大、中、小三级，分别保存，使用前用水浸泡 3~5 天即可。浸水的主要作用是脱脂，防止树脂在细菌的作用下发酵而烂根。由于浸透水的树皮块有较强的吸水能力，颗粒间空隙比较大，且较其他介质耐用，可持续使用3~4年，非常适合洋兰生长。它的缺点是易滋长杂菌和蚂蚁。

4. 椰壳

将椰壳的外层纤维切成颗粒可做洋兰的栽培基质。椰壳粒具有透气、保水、保湿的优点，它可以单独使用也可与木炭、碎砖块或蕨根混合使用。它的缺点是易滋生杂菌，一般2年左右应更换1次。

5. 木炭

木炭是栽培洋兰良好的基质。具有良好的通气性、透水性和保湿性，也具有一定的肥力，同时它还可将杂菌等吸附，在栽培过程中常与碎砖块、树皮等混合使用。

6. 碎砖块

碎砖块是一种成本较低的洋兰栽培基质，由废弃的红砖敲碎而成。具有经久不腐、透水与透气等优点，但它的保水性和肥力较差，常与木炭、蕨根、树皮等混合使用。另外，新鲜的碎砖块需用水浸泡后才能使用，以防烧根。若少量可用烧过的煤饼代替。

7. 陶粒

陶粒是一种经高温烧结的褐色多孔圆粒状体，具有透水、透气、保水等优点，但固着力较差，易被水冲走，常与蕨根、树皮、水苔等混合使用。

8. 蛭石与珍珠岩

两者均是高温烧结的产物，具有质轻、吸水能力和保水能力强、无菌等优点，但不易固定，无肥力，需与碎砖块等共同使用，在洋兰茎段扦插时可单独使用。

资料来源：宋君．洋兰的栽培基质[J]．花卉，2014(3)．

施肥也是室内观赏植物栽培管理的一项极为重要的工作。室内观赏植物在应用时，由于室内光照相对不足，一般在室内生长缓慢，所需肥料相对较少。若要施肥，一定要遵循"少量多次"原则。

常用的肥料有有机肥和化肥。自制的自然发酵有机肥，植物很容易吸收，又不会使土壤板结，但是使用前一定要充分腐熟并进行杀菌、消毒处理，否则很容易使植物感染病原菌而导致发病。另外，自然发酵的有机肥有股浓臭的味道，容易污染室内环境，施用时盆花一定要放在室外。市场上销售的化肥，其氮、磷、钾配比很合适，微量元素、矿物质营养很充足，又无气味，适合于家庭或室内使用，但很容易使土壤板结。不过，市场上有很多种花肥，可以根据花卉种类选择使用，如美国美乐棵肥料、花多多、花宝、速效复合肥、海藻肥、大肥王、鱼骨粉、长效缓释颗粒肥等。

常见的施肥技巧有：

（1）根据植物种类，选择肥料种类。如观叶为主的植物，相对来说，需要氮肥量较大，应多施氮肥。但是在室内为了提高植物的抗病力，最好施用氮、磷、钾复合肥。叶上有色斑的观叶植物，如绿萝、金边吊兰、花叶万年青、彩叶朱蕉等，也应增施磷、钾肥，否则色斑易褪而影响观赏性。

以观花为主的植物，在开花期需要施用适量的完全肥料，才能使花开得多而且色彩艳丽。

（2）施肥需要注意季节性。冬季植物生长缓慢，一般不需要施肥；春、秋季正值花卉生长旺盛期，需要较多肥料，应适当多追肥；夏季气温高，水分蒸发快，又是花卉生长旺期，所施肥料浓度要小，次数可多些，也就是"勤施薄肥"。

对于一年四季都生长的植物，如绿萝，每月施肥一次比较适宜，每次的施肥量应该较少、施肥浓度较低，以免灼伤植物。一般复合肥浓度为0.5%即可，同时应避免将肥料直接喷洒到植物叶面。

（3）施肥需要注意时间性。在施肥时间上，夏季宜在傍晚；冬季宜在中午前；春、秋季宜在上午或下午。施肥前，盆土要稍干并松土，这样有利于肥料的吸收。施肥时，要防止肥料沾污叶片，盆土过湿不宜施肥。

（4）室内观赏植物在摆放到室内之前或栽培时，必须施足经发酵的基肥或复合肥，在生长季节尽量不施肥，以免影响室内环境；即使要施肥，也应尽量把植物移到室外，追加一些无色无味的颗粒状复合肥到土壤中，以减少对室内环境的污染，避免影响人体健康。

（5）喜微酸性土壤的植物，在浇水时掺适量食醋，可促进铁等微量元素的吸收，防止植物发生黄化病。

（6）对矿物盐比较敏感的植物，如棕榈、蕨类、红叶李等，应将肥料尽可能稀释，使施肥、浇水一次进行。

🔗 知识链接4-6

为什么施蛋壳、茶叶渣对花卉有害

在家庭养花中，有人爱把鸡蛋壳扣在花盆里或用喝剩的残茶浇花，以为这样对花卉生长有益，结果往往适得其反。因为鸡蛋壳扣在花盆上，壳内残存的蛋清会流入盆土表层，发酵后产生热量，直接烧灼植物根部。同时蛋清发酵后会产生一种臭味，招引苍蝇生蛆，咬食根部，进而又易诱发病虫害，影响花卉生长。

茶内含有茶碱、咖啡因和其他生物碱，对土壤中的有机质养分具有一定的破坏作用。同时残茶覆盖于盆面，日久天长会逐渐发酵霉烂，阻碍盆土透气，造成盆内缺氧，影响根部呼吸作用，对花卉生长不利。但是，经过沤制的鸡蛋壳，取其上清液作追肥用，或将蛋壳焙干捣碎，施进盆土中，对花卉生长发育是有利的。沤制的茶叶渣作基肥施用，对土壤的改良也是有益的。

资料来源：佚名. 为什么施蛋壳、茶叶渣对花卉有害[J]. 花卉,2013(7):50.

4.1.5　室内观赏植物病虫害管理

病虫害防治是室内观赏植物应用养护非常重要的一项工作。第一，室内观赏植物应用时，由于长期摆放在干燥、光照不足的环境中，且植物组织幼嫩，很容易滋生吸汁类害

虫；第二，由于浇水不当很容易出现烂根现象；第三，由于土壤重复使用，没有很好地进行土壤处理，造成植物很容易发生根部病害。因此，室内观赏植物应用时，一定要提前做好预防措施，防患于未然。

1. 室内观赏植物病虫害防治原则

室内观赏植物病虫害防治，应该遵循以下几个原则：

（1）创造良好生长环境。科学栽培，合理施肥、浇水，及时松土，改善栽培环境，促进植物健壮生长，提高其抗病虫能力。

（2）减少病虫来源。要及时清除花盆内的杂草，修剪病虫枝叶并立即销毁。

（3）室内观赏植物病虫害防治应该遵循"治早、治小、治了"的原则。只有勤观察、早发现，才能早治疗、减少损失。

（4）在室内不宜施用化学农药，家庭养花可用人工驱除法防治病虫害，如介壳虫可用毛刷将其刷除（见图4.1），或用湿纱布将其擦掉；单位租摆一旦发现有病虫，要立即移至室外进行防治，或换回至租摆公司处理。

图 4.1　人工刷除蟹爪兰上的白盾蚧

知识链接 4-7

家庭巧用"灭害灵"防治害虫

"灭害灵"是一种强力杀虫气雾剂，有效成分为胺菊酯、高效氯氰菊酯等，可以防治多种害虫，如蓟马、蚜虫、食叶害虫等。使用方法：用一个较大的透明塑料袋套住整个受害植株，再将"灭害灵"的喷口部分适当伸进袋内，然后把塑料袋用胶带密封，随即根据植株大小从袋外按喷钮几次，达到雾气弥漫的效果即可。注意，喷头不是对着植株，而是对着塑料袋壁喷施。

资料来源：刘德辅. 巧用"灭害灵"防治蓟马 [J]. 中国花卉盆景，2014(1).

2. 室内观赏植物常见病虫害及其防治措施

观赏植物在室内应用时，常常会遭受一些病虫的危害。这会影响其正常生长和景观效果，病虫害严重时甚至会导致植物死亡。

（1）花卉苗期猝倒病及其防治措施。

苗期猝倒病，包括种芽腐烂型、猝倒型、立枯型和叶枯型。病原分为非侵染性和侵染性两类。侵染性病原主要是腐霉菌、丝核菌和镰刀菌。非侵染性病原包括：盆土积水造成根系缺氧、土壤干旱、表土板结等。

防治措施：第一，土壤必须消毒，用70%恶霉灵可湿性粉剂1000~1500倍液消毒，或者每667平方米用0.1%恶霉灵颗粒剂处理盆土。第二，适时播种，加强管理，培育壮苗，以提高抗病性。第三，幼苗出土后可用30%恶霉灵水剂1000倍液喷洒幼苗。第四，每667平方米用600~800千克1%硫酸亚铁溶液喷施，或者每667平方米用600~800千克0.2%高锰酸钾溶液喷施，每次喷药半小时后要用清水冲洗幼苗。一旦发生病害，先彻底清除已发病苗木，再用2%~3%硫酸亚铁溶液或0.3%高锰酸钾溶液喷洒盆土表面，喷洒后半小时用清水冲洗幼苗。

（2）盆花煤污病及其防治措施。

煤污病，也称煤烟病。蚜虫、介壳虫、黑刺粉虱、温室白粉虱、叶螨等为害植物，排泄出含糖粪便（也称"蜜露"），再加上通风不良、光照不良，煤污病菌快速繁殖扩展，致使叶片、枝条染上一层黑色的"煤污"。若再加上湿度大、光线弱、通风不好等因素，病情会逐渐加重。病虫双重为害，会严重影响花卉的正常生长。

防治措施：第一，加强通风透光，改善环境条件，以提高植株抗病虫能力。第二，勤观察，若发现植株上有蚜虫为害，可用10%吡虫啉可湿性粉剂2500倍液喷施；若发现有介壳虫为害，可用22.4%亩旺特（螺虫乙酯）悬浮剂3000倍液喷施防治。第三，若发现有煤污病，可每667平方米用18~36克25%嘧菌酯悬浮剂(阿米西达)，或用50%的甲硫悬浮剂800倍液喷施。

表4.1介绍了室内观赏植物常见病虫害名称、为害对象与症状特点及其相应的防治措施。

表 4.1　室内观赏植物常见病虫害名称、为害对象与症状特点及其相应的防治措施

名称	为害对象与症状特点	防治措施	示例图片
角蜡蚧	主要在茎干部位吸汁，为害茶花、茶梅等，造成植株生长不良，并易引起煤污病。	介壳虫是室内观赏植物上发生最普遍、为害最严重的一类害虫。其防治措施主要有： （1）加强检疫。观赏植物购买时一定要仔细检查，不买带虫观赏植物苗木。 （2）及时疏枝修剪，去除部分虫枝，能增强通风、透光，促进植物健康生长，不利于介壳虫的发育，同时有利于药剂喷施均匀。 （3）增加室内空气湿度，有利于抑制介壳虫的发生。 （4）勤观察，早发现。少量发生时，一般采用人工驱除法防治病虫害，可使用软毛刷或者海绵蘸10倍洗衣液、酒精或食醋轻轻擦除，然后用清水冲洗干净。或结合修剪，剪去虫枝、虫叶。要求刷净、剪净、集中烧毁病害组织，切勿乱扔。 （5）在若虫孵化盛期（一般在5-6月），可将盆栽移至室外进行药剂处理： （待续）	为害茶花
考氏白盾蚧	主要为害非洲茉莉、含笑、白兰花等，并诱发严重的煤污病。		为害非洲茉莉
仙人掌白盾蚧	主要为害仙人掌、蟹爪兰，导致植株生长不良、分枝少、黄化。		为害仙人掌
粉蚧	主要为害长寿花、青叶碧玉、幸福树、栀子花等，导致植株生长不良并诱发煤污病。		为害长寿花　　为害青叶碧玉
幸福树介壳虫	多种介壳虫共同为害，易导致植株生长不良，并诱发煤污病。		
常春藤介壳虫	易导致植株生长不良，并能诱发煤污病，引起常春藤叶片发黄、提前落叶。		

名称	为害对象与症状特点	防治措施	示例图片
鹤望兰圆盾蚧	主要为害鹤望兰，引起植株生长势弱、发黄。	（续上）用40%速蚧克（速扑杀）乳油1500倍液、40%蚧宝乳油1000倍液、狂杀蚧（40%杀扑·嘧磷·噻）乳油800~1000倍液、22.4%螺虫乙酯悬浮剂3000倍液、20%莫比朗可湿性粉剂5000倍液加1%洗衣粉喷施。	
人参榕介壳虫	主要为害人参榕，引起植株生长不良，叶片发黄、脱落。		
温室白粉虱	主要为害海芋、柑橘、佛手、石榴等，成虫和若虫吸食植物汁液，导致被害植株叶片褪绿、变黄、萎蔫，甚至全株枯死，并引起煤污病的大发生，使植物失去观赏价值。	（1）用黄色粘胶纸诱集成虫。（2）把盆栽移至室外进行药剂处理：用25%扑虱灵可湿性粉剂2500倍液、10%吡虫啉可湿性粉剂2000倍液、2.5%天王星乳油3000倍液喷施。	白粉虱为害海芋　　白粉虱为害柠檬
百合蚜虫	主要为害百合的嫩芽、叶片，吸汁造成叶片初期卷曲呈畸形，并引起煤污病。	（1）严格检查。对新引进的花种、花苗，要严格检查，防止外地新害虫的侵入。（2）对土壤及旧花盆进行消毒，以杀死残留的虫卵。（3）勤观察，早发现。少量盆栽采取人工驱除法防治，用水冲刷虫体，结合修剪，将蚜虫栖居或虫卵潜伏过的残花、病枯枝叶彻底清除，集中烧毁。（待续）	
月季长管蚜	主要为害月季、玫瑰，集中于嫩芽、花蕾、嫩叶等部分，吸汁造成植株生长发育不良、落花、落叶等。		
长寿花蚜虫	主要为害嫩茎、芽和叶，同时还引起煤污病。		

续表

名称	为害对象与症状特点	防治措施	示例图片
棉蚜	主要为害栀子花、石榴、扶桑等，造成植株黄化，生长不良，叶片、芽皱缩等畸形，易引起煤污病。		 棉蚜为害栀子花　　　棉蚜为害石榴
柑橘蚜虫	主要在叶、芽等部位吸汁，造成植株生长不良，叶片、芽皱缩等畸形，易引起煤污病。	（续上） （4）用黄色粘胶纸诱集成虫。 （5）发现大量蚜虫时，应及时隔离，并立即选用药物消灭虫害。用10%吡虫啉可湿性粉剂2000倍液、70%艾美乐水分散粒剂30000倍液、25%阿克泰水分散粒剂20000倍液、1.2%烟参碱800倍液，或花保200倍液进行喷雾防治。 （6）家庭养花，可用1∶15的比例配制烟叶水，浸泡4小时后喷洒；或者按1∶4∶400的比例，配制洗衣粉∶尿素∶水的溶液喷洒。	
桃蚜	主要为害桃、梨、贴梗海棠等，主要集中于嫩芽、叶吸汁，造成芽、叶皱缩、卷曲、生长不良等。		
罗汉松蚜虫	主要在叶、茎等部位吸汁，并引起煤污病。		
菊花蚜虫	主要为害花、茎和叶。		
兰花蚜虫	主要为害花梗、花瓣等，造成花蕾畸形，不能正常开放，或开放时间缩短。		

名称	为害对象与症状特点	防治措施	示例图片
榕母管蓟马	各种盆栽榕树上的一种重要害虫,主要为害榕树嫩叶和幼芽,造成大小不一的红褐色斑点,被害植株芽梢凋萎,叶片沿中脉向正面折叠而形成饺子状的虫瘿。	可用黄色及蓝色粘胶纸诱杀;也可收集烟头、烟灰,捣烂,加水10倍,浸泡一昼夜,过滤后喷施;或采集乌桕叶、蓖麻叶、苦楝叶,捣烂,加水5倍煎煮,过滤后喷施,隔5~7天喷一次,连续喷3次,有一定防效。2.8%第灭宁水乳剂1000倍液,在发生初期施药一次,视实际发生虫数再增加次数。	
兰花蓟马	成虫、若虫均能为害,主要为害并藏匿于兰花的花、茎和叶中,喜吮吸兰花汁液,咬伤叶心后,导致植株极易感染腐霉病而烂心。花部被害处布满褐色斑,严重时不能正常开花,影响植株品质甚至失去观赏价值。		
杜鹃网蝽	若虫和成虫为害叶片,吸取汁液,排泄粪便,使叶片背面呈现锈黄色,叶片正面出现针点状白色斑点。严重时使全叶失绿、苍白,影响植物光合作用,使植株生长缓慢、提早落叶,降低植株观赏价值。	(1)可人工用手捏杀。(2)结合浇水,可用大水冲刷,杀死虫体。(3)严重时,可喷洒2.5%功夫乳油2500~3000倍液或10%吡虫啉可湿性粉剂1500倍液。	
月季朱砂叶螨	主要为害玫瑰、月季。虫体为红色,在叶片正反两面吸汁,导致叶片出现形状不规则的白斑,严重时可使叶片白、黄化,并脱落。	盆栽室内处理措施:(1)经常检查植株,及时清除盆内杂草,一旦发现虫体,及时用清水冲洗或者立即进行防治。(待续)	

109

续表

名称	为害对象与症状特点	防治措施	示例图片
滴水观音叶螨	主要为害滴水观音叶片。叶片受害后呈苍白色，生长不良。	（续上） （2）家庭种植的少量盆栽，可以洗衣粉5克兑水1千克，混匀后喷施。	
桂花叶螨	主要在叶片正反两面吸汁，导致叶面出现形状不规则的白斑，受害严重时全叶发白、脱落，并引起煤污病。	盆栽室外处理措施：喷施20%金满枝（丁氟螨酯）悬浮剂1500倍液或1%杀虫素（阿维菌素）乳油3000倍液。 除虫菊酯类农药对螨类无效。	
柑橘始叶螨	主要为害柑橘。其症状特点同月季朱砂叶螨。		
点玄灰蝶	主要为害长寿花、中华景天等，以幼虫钻蛀茎、叶内，取食叶肉，并排出大量粪便，造成茎干折断、植株枯死。	（1）人工捕捉。 （2）利用并保护茧蜂。 （3）喷施每克含100亿活孢子的青虫菌200~500倍液、每克含100亿活孢子的BT乳剂200~500倍液、25%灭幼脲悬浮剂1500~2000倍液。	 为害长寿花
刺蛾类	主要取食观赏植物的叶片，造成缺刻、孔洞、光秆等症状，影响植物生长和景观效果。		 为害梅花
苏铁曲纹紫灰蝶	其幼虫隐藏在嫩芽及叶片中，由内啃食，造成叶缺刻，或只留叶柄，如同当年的新叶没萌发一样。	4月下旬，新叶萌发时用敌敌畏、乐斯本等配液浇灌新叶，每轮新叶长出时都灌一次。	

名称	为害对象与症状特点	防治措施	示例图片
月季白粉病	主要为害观赏植物的叶、嫩茎、花柄、花蕾及花瓣等部位，初期为黄绿色不规则形状的小斑，边缘不明显。随后病斑不断扩大，表面生出白粉斑，最后白粉斑上长出无数小黑点。染病部位变成灰色，连片覆盖其表面，边缘不清晰，呈污白色或淡灰白色。受害严重时，叶片皱缩变小，嫩梢扭曲畸形，花芽不开。	（1）合理施肥，适当增施磷、钾肥，加施硼、硅和锰等微量元素有防病作用。（2）发现病枝、病芽和病叶，要及时剪除并销毁，同时可改善通风、透光条件。（3）经常发病的观赏植物，在发病前可喷保护剂，如50%硫悬浮剂500~800倍液、50%退菌特可湿性粉剂800倍液或75%百菌清500倍液。发病后，可喷洒25%粉锈灵可湿性粉剂1500倍液或10%世高（苯醚甲环唑）水分散颗粒剂2000倍液。保护剂要轮换使用，避免病菌产生抗药性。	
凤仙花白粉病			
长寿花白粉病			
紫薇白粉病			
紫叶酢浆草锈病	主要为害叶片，于叶片背面出现大量锈色粉堆。	（1）加强肥水管理，培育壮苗，提高植株抗病力。（2）及时清除病株。（3）发病初期开始喷施25%三唑酮可湿性粉剂1500倍液、25%敌力脱乳油4000倍液，10天左右喷1次，连续喷施2次。	

续表

名称	为害对象与症状特点	防治措施	示例图片
茶花藻斑病	由寄生性锈藻引起，初期为针头状灰绿色小圆点，后逐渐呈放射状向外扩展，形成近圆形或不规则形病斑。病斑隆起明显，表面有细条纹式毛毡物，边缘不整齐，可影响光合作用。	（1）加强管理，合理施肥，及时修剪，改善通风、透光条件，提高抗逆能力。 （2）清除病害组织，并集中销毁。 （3）发病后用 0.2% 硫酸铜溶液加少量中性洗衣粉或 50% 托布津 500 倍液喷施。	 为害茶花　　　显微照片
兰花黑斑病	病叶首先出现褐色小点，迅速扩展为圆形、半圆形的黑褐色斑，周围常具水渍状浅黄色晕圈，直径为 1~17 毫米。发病后期，病斑中央逐渐褪色，成为中间浅褐、边缘黑褐色的病斑。	（1）保持通风、透光环境，合理浇水、施肥。 （2）及时清除病叶。 （3）发病时，将花移至通风处，喷洒 0.3% 波尔多液或 70% 托布津 1000 倍液。	
月季黑斑病	主要为害叶片。发病初期，叶片正面出现褐色小点，逐渐扩展为圆形、近圆形黑褐色病斑，直径为 1.5~13 毫米，边缘呈放射状。发病后期，病斑上着生许多黑色疱状小点，即为病原菌的分生孢子，病斑之间相互连接使叶片发黄、脱落。	（1）改善通风条件，避免喷浇和傍晚浇水。 （2）及时除去病害组织，并集中烧毁。 （3）月季黑斑病上一年发病的植株，于冬季修剪后喷洒 3~5 波美度的石硫合剂，以铲除病菌。 （4）发病初期喷洒 40% 多菌灵胶悬剂 700 倍液、50% 克菌丹 500 倍液等。	
海芋叶枯病	主要为害叶片。发病初期，叶缘出现半圆形或不规则形病斑，进而向叶片中央扩展，使整个叶片灰白、干枯。		

名称	为害对象与症状特点	防治措施	示例图片
八仙花叶斑病	主要为害叶片。病斑初为浅黄褐色水渍状小点，后扩展成近圆形褐色斑，病部产生黑色小粒点。受害严重时，病斑连片。	（1）培育壮苗，及时摘除病叶。 （2）发病初期，喷洒25%咪鲜胺乳油500倍液或50%多锰锌可湿性粉剂500倍液。间隔7~10天喷一次，连喷2~3次。	
鸡冠花叶斑病	主要为害叶和茎部。叶上病斑初为圆形，后呈不规则状大斑，并产生轮纹，病斑由红褐色变为黑褐色、中央呈灰褐色。	（1）注意通风、透气。 （2）增施磷、钾肥，提高抗病力。 （3）及时清除病残体。 （4）发病初期，喷洒25%咪鲜胺乳油600倍液或50%多锰锌可湿性粉剂600倍液。	
桃缩叶病	春季新叶卷曲、发红，展叶后皱缩、叶肉增厚变脆，呈红褐色，叶面凹凸不平；发病后期，病部长出一层银灰色粉末状物。受害严重时，病叶变褐、枯焦脱落。	在桃树花芽露红而未展开前，喷1.0波美度的石硫合剂或1：1：100波尔多液，连续喷药2~3年，基本可控制该病。 在生长季节，可喷洒2次15%粉锈宁1500倍液。	

续表

名称	为害对象与症状特点	防治措施	示例图片
炭疽病类	主要为害叶片、茎、枝梢和果实。叶片上病斑多为圆形或椭圆形。茎、枝梢上的病斑多为椭圆形或长条形，凹陷。果实上的病斑多为圆形，稍凹陷，可引起烂果。病部中央有黑色小粒点，多呈轮纹状排列，在潮湿环境下病部常有粉红色或橘红色黏液。	（1）及时剪除、清理发病部位，集中处理，减少病源。 （2）及时更换无病菌的土壤。 （3）在生长季节，可喷施2~3次1.5%磷酸二氢钾溶液，提高抗病能力。 （4）发病初期，及时喷洒80%炭疽福美700~800倍液、25%炭特灵乳油300~400倍液或25%施保克（咪鲜胺）乳油1000倍液。 （5）在温室内，可以使用45%百菌清烟剂，每667平方米用药250克。	 君子兰炭疽病 海芋炭疽病 虎尾兰炭疽病 龙船花炭疽病
缺铁黄化病	先从新叶的叶脉间出现黄化，叶脉仍为绿色，继而发展成整个叶色转黄或发白。	叶面喷施复合铁肥。配制时，选择0.25%硫酸亚铁、0.05%柠檬酸、0.1%尿素待用；在10千克水中加入5克柠檬酸，溶解后加入25克硫酸亚铁，充分搅拌，待硫酸亚铁溶解后再加入10克尿素。	 八仙花黄化病初期　　天竺葵黄化病 八仙花黄化病后期　　栀子花黄化病

名称	为害对象与症状特点	防治措施	示例图片
灰霉病类（低温高湿型病害）	幼苗到成株期，植株地上部的叶、茎、花、果均可受害，造成苗腐、叶枯、枝枯、花腐、果腐。在潮湿情况下，病部表面均长满灰色霉层。叶片多从叶尖、叶缘开始向里形成"V"形褐色病斑或在叶片上形成圆形、梭形褐色病斑，有轮纹。	（1）发现病叶应及时摘去并烧毁。 （2）增加室内光线，提高室温。或用50%的农利灵（乙烯菌核利）可湿性粉剂1200倍液、40%的百菌清可湿性粉剂600倍液，交替喷洒，7~10天喷一次，连续喷洒2~3次，可有效控制该病的蔓延。	 百合灰霉病 橡皮树灰霉病　 八仙花灰霉病 鹅掌柴灰霉病　 天竺葵灰霉病 非洲菊灰霉病　 佛手灰霉病

续表

名称	为害对象与症状特点	防治措施	示例图片
兰花软腐病（细菌性病害）	主要为害叶片。发病初期，叶片会出现水渍状圆形或椭圆形污白色小斑点，病斑迅速扩大，变为褐色，病部有黄褐色黏液流出，并伴有臭味。	（1）选用清洁的培养土。 （2）科学用水。 （3）增施磷、钾肥，有利于叶片增强抗病性。 （4）发现病叶应及时摘除，并集中烧毁或深埋。 （5）发病初期，用新植霉素或农用链霉素4000倍液防治。	
发财树茎腐病	茎基到根部变黑褐色、腐烂，嫩叶失去生机而枯萎。	（1）对栽培基质、花盆进行消毒。 （2）移植时去掉茎基部腐烂组织，再用速克灵喷洒伤口，晾干后栽植。 （3）发病初期，地上部喷施70%甲基托布津可湿性粉剂 800 倍液，地下部用70%代森锰锌可湿性粉剂400~600倍液浇灌。	
盆花冻害	一些原产于热带或亚热带南部地区的观赏植物，从初冬到早春期间，因突然受到几天或几小时高于冰点的低温胁迫，而导致组织结构受到严重伤害或被冻死。主要表现为过嫩的新梢嫩叶变褐、发蔫、坏死，或像被开水烫过一样。	搁放于居家内的盆花，如红掌、竹芋类、蝴蝶兰等，在特别寒冷的天气，宜开空调进行加温，维持不低于10℃的室温；或对一些特别不耐寒的花卉，可于晚间罩上塑料袋，白天太阳出来后再解去。	 红掌冻害

4.1.6　室内观赏植物整形修剪

室内观赏植物的整形和修剪也是日常养护管理过程中的一项重要的、技术性的管理工作，它不仅可以使植物保持优美的姿态，而且可通过调整植物营养分配来促进其生长和开花，提高其观赏价值。整形、修剪是两个不同概念的技术措施，但彼此密切相关。

整形是保持观赏植物优美姿态的基础工作，可使盆栽植物具有一定的骨架结构，使其适合室内环境。一盆观赏植物如果枝叶杂乱、参差不齐，尽管枝繁叶茂、花朵盛开，其观赏价值还是会大打折扣。

修剪是指维持或发展既定的骨架结构，同时还要增大花果量，发展观赏性和提高净化功能的技术。有时候一些观赏植物枝叶生长过于繁茂，不仅内部通风、透光不良，引起内部枝叶枯黄；同时也需要消耗大量营养物质，抗病虫能力下降，很容易引起病虫害。为了调节植株各部的均衡生长，促进开花，防止病虫害，就需要及时进行修剪。

1. 修剪类型

修剪一般分为生长期修剪和休眠期修剪。

（1）生长期修剪。生长期修剪是指在盆栽植物生长期间的修剪。其主要内容有摘心、抹芽、摘叶等，剪去残留花果、徒长枝、病虫枝、过密枝等。茉莉、月季、文竹、人参榕等多在生长期修剪。

（2）休眠期修剪。休眠期修剪是指在盆栽植物早春萌动前的休眠期间的修剪。其主要内容包括疏枝和短截等。休眠期的修剪不宜太早或过晚，修剪太早，伤口不易愈合，遇寒流易受冻害；修剪过晚，芽可能已经萌动或成长，就存在将萌动的芽或枝误剪的危险，不仅浪费养料，而且会延误花期或影响开花。

2. 修剪方法

（1）疏枝或打权。剪除密生枝、交叉枝、徒长枝、细弱枝、病虫枝等，不仅可以消灭病虫害，减少养料消耗，也有利于通风、透光，促进主枝的健壮生长。疏枝或打权的总体原则是"去弱留强"。疏枝时从基部剪除枝条，不留残桩，剪口要平滑，这样有利于伤口愈合。

（2）摘叶。摘叶是摘除生长已老化、徒耗养分的叶片，以及影响花芽光照的叶片。有的花卉植物经过休眠后，叶的大小不整齐，叶柄长短也很悬殊，因此需要整理。

（3）摘心或打顶。摘心是指摘除正在生长的嫩枝顶端，打顶是指将枝条拦腰斩断。摘心或打顶均可促使侧枝萌发，增加开花枝数，使植株矮化、株形圆整、开花整齐；也有抑制生长、推迟开花的作用。

（4）除芽。除芽是指将花木枝条上部发生的幼小侧芽从基部剥除，以免枝条过多而影响植物株形和均衡生长。

（5）摘花果。一是摘除残花，二是摘除生长过多以及残缺、僵化等不美观的花朵和果实，以免消耗养料。

（6）短截。一般常截去枝条的1/3，对萌发性强的植物，可截去枝条的大部分，仅留基部2~3个侧芽，如月季等。

短截能促发侧枝，使冠形匀称。短截的剪口应成斜面，位于剪口对侧。剪口上端与剪口芽的上端平齐或略高些；剪口下端与剪口芽的中端平齐，不宜超过剪口的基部。这样短截的斜面不影响剪口芽的养分和水分的供应，同时留下的残桩较短，不影响美观。

短截时，若希望剪口芽能形成直立向上的枝条，应选择内侧芽为剪口芽；若希望剪口芽能形成向外生长的枝条使冠形丰满，应选择外侧芽为剪口芽。

3. 修剪时间

室内观赏植物种类繁多，花芽形成时间不一。花芽形成不仅和开花时间有关，也和修剪时间有关，否则就会误剪，导致花果量减少。

（1）早春、春夏间开花的植物。这类植物的花芽多在去年生枝条上着生，不宜在冬季修剪，应在花后立即修剪。花后修剪可促发新芽、新枝，有利于翌年形成较多的花枝，如梅花、迎春花等。

（2）在当年生枝条上开花的植物。如月季、扶桑、茉莉花、米兰、金橘、石榴、佛手等，应在早春休眠期重剪，促发新枝，促其多开花、多结果。

（3）在二年生枝条上开花的植物。如杜鹃、栀子花等，一般只要剪去过密枝、病虫害枝即可。

（4）萌发性较弱的植物。如茶花、含笑等，修剪要慎重，不得随意剪去枝条，可酌量剪去部分枝条的顶梢。

（5）一年内多次开花的植物。如月季、茉莉花等，在每次花谢后，立即进行适度修剪，促进剪口芽萌发抽枝、再次开花。

（6）观干植物。如红瑞木，其观赏部位主要在嫣红的幼嫩枝条，宜在冬季重剪地上部枝条，仅留20厘米，促使来年萌发更多新枝。修剪时，应注意枝条分布均匀。

（7）垂吊植物。这类植物生长迅速，枝蔓易相互交错、杂乱，应在休眠期将弱枝、密生枝、老枝剪除，使冠形整齐匀称，通风、透光。

（8）根颈部易长萌蘖的植物。如芦荟、文竹、君子兰、杜鹃、菊花等，在不影响母株生长发育的前提下，应及时挖出萌蘖，减少养料消耗，也有利于母株整齐美观。

🔗 知识链接4-8

怎样管好空调室内的花卉

要管好空调室内的花卉，应将浇水和喷水相结合进行，要适当给予叶面喷水，以提高空气湿度。空调室内花卉最好在入室前施足肥料，如盆花因缺肥发黄或长势不好，可施少量的固态复合肥，不能用有异味的有机肥，以免给室内带来污染。为了保持盆花的优美株形，应注意摘心和修剪，修去新梢的一部分，促成下部侧芽的萌发。发现有病虫害的枝叶要及时摘除，在室内不宜使用农药。在摆放布置盆花时，应注意远离空调出风口，以防风直吹植株，造成叶片枯尖焦边。

资料来源：陈季红.怎样管好空调室内花卉 [J].花卉,2013(6):50.

4.1.7　室内观赏植物的擦洗

现在的城市环境越来越差，空气污染越来越严重，空气中的灰尘也越来越多。在家庭养花、室内植物租摆过程中，叶片上很快就会落上一层灰尘。若不及时去掉灰尘，不仅影响植物美观，而且常会堵塞气孔，不利于植物正常呼吸，阻碍光合作用，从而影响碳水化合物的合成，使植物产生"饥饿感"、生长不良，最终导致观赏效果不佳。因此，要适时给植物清洗，俗称"洗脸"。

观赏植物一般具有较大叶片，如变叶木、绿宝石、红宝石、龟背竹、春羽、平安树、巴西木、橡皮树、蜘蛛抱蛋、八角金盘、兰花、蝴蝶兰、君子兰、山茶花、马拉巴栗、万年青、一帆风顺等。正确的擦洗方法是：一只手握住叶片，另一只手用干净的脱脂棉或海绵蘸清水或自来水轻轻擦拭叶面，擦拭时要顺着叶脉的长势，由叶片基部向顶端顺向擦洗，不能来回擦，以免脏物堵塞气孔。在擦拭过程中，切记不能用力过大，以免损伤叶片。擦完正面后，再擦拭叶背面。如果在清水或自来水中加入一些"调料"，则可起到更好的效果。例如，在 1000 毫升水中加入 10 毫升食醋，更易清除叶面上的灰尘和污垢，同时，食醋中含有乙酸和氨基酸等营养物质，对花卉生长、开花和抗病也极为有利；也可在 1000 毫升水中加入 3 克磷酸二氢钾或 50 毫升啤酒，以此清洗叶片，还有加强营养的作用；还可直接用啤酒来擦拭叶片，可使花卉的叶片更加翠绿，并富有光泽，因为啤酒中含有糖、蛋白质、氨基酸和磷酸盐等营养物质，有益于花卉生长。

值得注意的是，擦拭用的水的温度最好与室温一致，不可过冷或过热，避免温差过大引起植物"感冒"。

给植物"洗脸"的频率要视具体情况而定，通常为一个月至两个月清洗一次；污染轻时可一个季度清洗一次，污染重时可缩短时间。但在夏季，需水量大的观叶植物可结合叶面喷洒清水，洗去灰尘。

对于一些小叶或叶片上有绒毛的观赏植物，只能采取喷水和淋水的方法。另外，植物叶片暗淡无光，与水质偏碱有关，只需要用啤酒擦拭，叶片便可恢复其光泽度。

4.1.8　室内观赏植物"驯化"

植物与人一样，对于新环境也需要一段适应期，即使是从别人家搬到你家，其光照、温度、湿度等环境条件的改变，或多或少都会对植物产生影响。当然，新旧环境条件越接近，驯化越容易完成。如果是两地环境相差太大，即使经过长时间驯化，植物也不一定能够存活下来。

驯化的基本原则是循序渐进。例如，要将植物从光照充足处移至室内荫蔽处，可每隔一周，将植物向预定位置挪动 1 米左右，依此类推，直到移至预定位置为止；反之亦同。需要注意的是，在驯化过程中保持盆土湿润即可，不要过度浇水，也不需要施肥。

4.2　室内观赏植物常见问题及养护措施

4.2.1　景天科多肉植物的养护

景天科多肉植物植株矮小，耗水肥很少，表皮一般有蜡质粉，气孔下陷，可减少蒸腾作用，是典型的旱生植物，极易种植与养护。

1. 土壤

要求保水透气，不积水。轻石垫盆底，泥炭加珍珠岩或腐叶土加粗沙配制即可，比例要求不严格。

2. 光照

景天科多肉植物喜欢阳光充足的环境，初期需要明亮的散射光，不要暴晒，等长根存活了再放到阳光良好的地方。注意：盛夏中午一定要遮光，以防灼伤。长期放置在荫蔽处的植株易徒长，叶片变薄稀疏，叶色暗淡，枝条凌乱，株形松散不整齐。有些种类具有很强的向光性，要经常调整植株的朝向，保证株形匀称丰满。

3. 温度

景天科多肉植物比较耐寒，一般在 0℃以上就不会有比较大的损害；5~28℃比较适合其生长，且温差越大越好。但是夏天不要放在空调房内，这样易使多数植物解除夏季休眠，而抗逆性变弱，秋后很容易腐烂、死亡。

4. 水分

浇水原则是"不干不浇，浇则浇透"，避免长期积水造成烂根，但过于干旱，植株生长缓慢，叶色暗淡，缺乏生机。因此，浇水要定时定量，根据植株大小而定。幼株或叶插苗 1~2 天喷水一次，小株 3~4 天喷水一次，成株 1~2 周浇水一次，如遇不好天气或不同品种，可酌情调整。

5. 肥料

景天科多肉植物不喜欢浓肥，要施薄肥。必不可少的当然是氮、磷、钾肥，可以再加少量微量元素和矿物质等。施肥首选是有机肥，如海藻肥或多肉植物肥；其次是复合化肥，如花多多、美乐棵等多肉植物肥等。建议两者轮换使用，这样不仅让植株可以充分利用肥料的各种营养成分，还可避免两种肥料的缺点。

6. 通风

对于景天科多肉植物来说，通风非常重要，避免高温高湿或低温高湿。值得注意的是，气温过低时一定要少浇水，只要盆土干燥，其就能抵御短暂的零下极低气温。

7. 病虫害

景天科多肉植物很容易发生红蜘蛛、介壳虫为害，特别是粉蚧等；还有锈病、叶斑病危害。平时应多观察，及时发现，及时人工除虫。病虫害特别严重时，可以用花康、百菌清等进行防治。

4.2.2　盆花萎蔫的原因及养护措施

花卉萎蔫常常是缺水造成的，导致花卉缺水的原因主要有下面几种：

1. 盆土干燥，造成植物缺水萎蔫

如果发现及时，绝大多数植物都可以通过及时浇水得到恢复。但不要立即浇水，而是先将盆花移至阴凉处，向植株和盆土上少量喷水，降温后再浇水。

2. 盆土过湿造成土壤缺氧，导致萎蔫

这时要将花盆移至避光通风处，严格控制浇水，同时疏通排水孔、及时松土，以促进水分蒸发，改善植株的透气状况。

3. 施肥过浓引起烧苗萎蔫

出现这种情况，要立即将花盆移至阴凉处并架离地面，然后反复浇灌清水，浇足浇透，使水分迅速从盆底排出，以稀释肥力过高的土壤。

4.2.3　室内观叶植物的养护措施

室内观叶植物的生长同环境密切相关，其主要措施有以下几个方面：

1. 水分管理

浇水的原则是"不干不浇，浇则浇透"。即盆土呈黑色时，表明土壤潮湿，有足够的水分，这时不需要浇水；若盆土呈浅灰色或盆土与盆壁间出现间隙时，说明盆土已干，必须浇水，浇水至盆底出水口出水为止。夏季时植物需水量大，除浇水外，可在叶面喷水，保持叶面湿润，这对植物生长非常有利。

2. 光照管理

"万物生长靠太阳"，这句话充分说明了阳光对植物生长的重要性。室内观叶植物不能长时间放在室内，要适当晒晒太阳，一周至少有 1~2 天能接触到阳光，但要注意避免中午强光直射，否则容易灼伤植物。虽然白炽灯、日光灯的光能补充植物对光的要求，但仍以太阳光最好。

3. 温度管理

各种植物的生长发育都要求有一定的温度条件，一般室内的温度只要能在 10~30℃，植物就能正常生长。若室内温度过高或过低，就应采取降温或加温措施。

4. 土壤管理

土壤是植物生长发育的基地，植物需要从土壤中吸取水分和矿物质营养。室内摆放的观叶植物，需要营养物质丰富、物理性能良好的土壤，才能满足其正常生长的需要。这就需要定期换盆，以及使用营养丰富、没有病虫害、疏松的土壤。

5. 肥料管理

春夏季一般一个月左右施一次薄肥，以腐熟的有机肥和复合肥为主。施肥时，花盆最好放到室外，避免污染室内空气，降低空气质量而影响人体健康。

4.2.4 秋季花卉入室后易出现黄叶的原因及养护措施

花卉入室后，由于空间不如室外开阔，花盆及植株表面的水分蒸腾量有所降低。此时若还像原来那样浇水，会因盆土偏湿造成烂根，这时植株地上部的叶片就会发黄。

秋季大多数花卉从生长旺盛转入生长缓慢，而花卉入室后，由于室温比室外高，又会使它们转入生长较快的状态，但其对肥料的吸收量却不如夏季，故要减少或停止追肥，以防止肥害。

一些性喜强光的花卉，如月季、扶桑等在入室后要是放到了荫蔽处，由于光照不足，植株多会出现黄叶。相反，将性喜荫蔽的鸟巢蕨、龟背竹等放置在光照过强处，也会造成叶片失绿泛黄。

室内环境封闭，会使导致花卉衰老的气体乙烯在空气中含量逐渐增加，很多对乙烯比较敏感的花卉会特别容易黄叶。所以，保持通风良好是防止室内花卉黄叶的有效措施之一。

由于环境温度不适，很多花卉也会黄叶，在花卉入室前后温差较大的情况下更是如此。例如，在室外温度为5℃时将米兰移至室内，而此时室内温度在20℃以上，由于温差较大，植株很快就会出现黄叶。

4.2.5 室内观赏植物叶片发黄的原因及解决办法

室内观赏植物在生长过程中，经常会出现叶片发黄的情况，其多是由于栽培管理失调引起的。水分过多或过少，阳光过强或过弱，肥料过多或过少都会引起叶片发黄，但发黄的情况不一样，应仔细观察、分析原因，再加以纠正。

1. 涝黄

嫩叶暗黄且无光泽，老叶无明显变化，枝干细小黄绿，新梢萎缩不长，表明浇水过多。解决办法：将花卉脱盆置于通风阴凉处，等土团吹干后再装回盆中。

2. 旱黄

缺水的黄与水多的黄不一样，缺水之黄为叶梢或边缘发枯、发干，老叶自下而上枯黄脱落，但新叶生长比较正常。解决办法：浇水时浇足、浇透。

3. 灼黄

强烈阳光直射到一些喜阴的植物（如吊兰、玉簪、竹芋等）上，易引起植物叶梢、叶缘发枯，叶片朝阳部分出现黄斑。解决办法：移到阴处。

4. 荫黄

长时间置于荫蔽环境下，叶片得不到足够阳光，不能形成叶绿素，整株叶片变黄继而脱落。解决办法：补充光照。

5. 肥黄

施肥过多或浓度过大引起的花卉发黄，表现在新叶顶尖出现黄褐色，一般叶面肥厚而无光泽，且凹凸、不舒展，老叶片焦黄脱落。解决办法：应立即停止施肥，对于肥黄严重的植株，应用大量清水冲洗部分肥料。

6. 缺肥黄

缺肥黄主要表现为嫩叶颜色变淡，呈黄或淡绿色，而老叶比较正常或逐渐由绿转黄。解决办法：检查盆土，如有干结现象应换土，平时勤施薄肥并适时浇一些矾水。

需要注意的是，刚买回来的植物一般无须肥料，因为周围环境的变化，植物生长会受到一定的抑制，如果再施肥，往往会造成黄叶或落叶现象。

4.2.6 花卉入秋后的养护

秋季是个温度多变的季节，初秋如夏，中秋较宜，晚秋已寒。此时，多数花卉也进入了第二个生长期。对于此时的花卉来说，肥水管理极为重要。

1. 浇水

对于大多数花卉，可根据盆土的干湿状况，每隔1~2天浇水一次；到了晚秋，对于秋冬或早春开花及秋播草花可正常浇水，对其他花卉应逐渐减少浇水量，避免水分过量引起徒长，影响花芽分化和安全越冬；对于喜湿的观叶植物，除每天浇水外，还应喷水1~2次。

2. 施肥

由于秋季是大部分花卉的第二个生长期，除必须保证水分供应外，施肥也是至关重要的。应根据不同种类花卉的习性和需要，追施不同种类和深度的肥料。

对于一年开花一次的山茶、杜鹃等，应及时追施2~3次以磷肥为主的液肥，否则不仅花少、小，而且还会出现落蕾现象；对于一年多次开花的月季、米兰、茉莉、四季秋海棠等观花植物和金橘、石榴、佛手、柠檬等观果植物，除保证氮肥供应外，还应追施适量的磷、钾肥，如磷酸二氢钾、过磷酸钙等；对于观叶植物，如春羽、龟背竹、文竹、巴西木、螺纹铁等，可追施一定浓度的复合肥，促使叶片葱郁翠绿；对于大多数花卉，北方地区在过了寒露后，气温变得较低，一般就不需要再施肥了。

3. 整形修剪

秋季气温在20℃左右时，很多花卉会萌发嫩枝，除了部分嫩枝要保留外，其余的均应及时剪除，以减少养分消耗；保留的嫩枝也应及时摘心，以防徒长。对于菊花、月季等秋季现蕾开花的花卉，除保留顶端一个长势良好的主蕾外，侧蕾均应及时摘除；对于花期长的花卉如月季、扶桑、茉莉、天竺葵等，应及时摘除残花、败叶，并修剪已经开过花的枝梢，促使下部侧芽生长，以使其能持续不断开花。

4. 保温

北方地区在寒露前后，大部分花卉都要根据其抗寒力的大小陆续移入室内越冬，以免受到冻害。入室时间应根据花卉种类和所在地的不同，酌情调整。对于大多数花卉来说，天气刚一变冷时如果没有霜冻，不要急于搬到室内，因为过早入室会影响养分积累，不利来年结果。因此，在不至于受寒害的前提下，花卉的入室时间应稍迟些。

4.2.7　室内观赏植物冬季的养护

寒冷季节，室内观赏植物的养护应注意以下三点：

1. 放置场所

对于喜好阳光的植物，如仙客来、瓜叶菊等，应放在窗户边阳光较充足的地方。若室内没有理想的向阳之处，就要尽可能选择光线较为明亮的地方。对于耐阴植物，则宜摆放在有散射光的地方。对于怕寒植物，最好不要摆放在寒风入口处或室内通风道上，以免室内开窗通风时，寒风冻伤植物。对于壁挂或悬吊的植物，应定期变换位置，这样不仅可促进植物生长，还可改变景观效果。

2. 浇水原则

冬季室内植物浇水过多是造成植物死亡的重要原因之一。冬天寒冷的气候，对观叶植物的生长十分不利，此时若盆土过湿，植物的根系就会受到低温的伤害。因此，冬季给水一定要严格控制，使盆土处于较为干燥的状态。如金边虎尾兰，在寒冷季节一定要控制浇水量或者不浇水，否则很容易冻死。

3. 空气湿度

导致植物冬季叶片枯萎、掉落的最主要原因，是空气湿度的不足。冬季室内的空气一般较干燥，容易使植物叶片缺乏水分，芽、叶尖枯焦。因此，可在冬季白天中午较暖和的时候，向叶面喷雾补充水分，夜间尽可能地将植物罩于塑料袋内，以保持湿度和温度，使植物安全度过寒冷季节。

4.2.8　冬季年宵花的养护

中国人过年图个红红火火，因此，杜鹃、山茶、牡丹、粉掌、一品红、蝴蝶兰、大花蕙兰等色彩鲜艳的花卉常被当作年宵花，摆放在家中增添喜气。但要想把年宵花养好，在养护上应做到以下几点：

1. 调控温度

蝴蝶兰、大花蕙兰、一品红、粉掌等是起源于热带的花卉，要求白天温度20~27℃，夜间温度不低于12℃。因此，买回家后要创造适宜的温度，才能保证其能正常生长。但不能放在暖气或火炉旁，否则花会因脱水而死。

2. 控制水分

首先，购买花卉时应尽量选择原盆生长的，凡是换盆换土的都比较难养护。其次，浇水时切忌倾盆注入，以叶片喷水为主。另外，还要适时将刚开放的花朵摘下，防止消耗养分和水分。

3. 保持充足的光照

植物的光合作用能为花卉制造有机物质，促进花卉生长，因此，冬季室内养花宜放在阳光充足的地方。如果光线过暗，可放在40瓦的日光灯下补光。

4.2.9　家居观赏植物秋冬防寒措施

很多花友在冬季都会给家里的一些植物（如新扦插的小苗、刚买回来重新上盆的植物和一些来自南方怕寒喜湿的花卉），罩上塑料袋，这样做可起到迅速保温、保湿的作用。

1. 塑料袋罩

对于一些小型盆栽花卉，可以直接罩上塑料袋。注意不要让塑料袋直接"压"在植株顶端，将塑料袋的开口处紧紧固定在花盆边沿，尽量不露缝隙，然后在塑料袋的两端底角上各剪一个小孔，以利于植物透气。

2. 塑料薄膜罩

对于稍大的盆花，塑料袋显然就"立不住"了。其解决办法是：在盆土四周插入4根细竹条或小木棍作为支撑架，支撑架要高出植株10厘米左右，然后在其上罩上塑料薄膜，下部密封，在薄膜罩顶端剪几个小孔，让植物通风换气。或者做成"小帐篷"的形式，通过开关"门帘"来控制罩内的温度和湿度。

3. 塑料暖棚

对于居室面积狭小、家中植物又多的花友，可以自己动手在南向阳台上搭建一个小暖棚，将一些不耐低温的花木放入暖棚内。这样既能起到保温作用，又不用将大量植物搬进室内，非常实用。暖棚大小依花卉多少来决定；暖棚顶部要采用前低后高的倾斜屋顶样式；棚四周同样用塑料薄膜包裹，依据天气寒冷程度来决定是采用单层还是双层薄膜；薄膜底部用重物紧紧压在地面上；通过"门帘"来调节暖棚内的温度和湿度。

4.2.10　花卉烂根及处理方法

很多花卉由于浇水过多，长期生长在过湿的土壤中，加上低温或高温，就会造成烂根。在确认植物烂根后，要及时将植株拔起，切掉根部腐烂的部分，并在切口涂抹多菌灵消毒，或者把花卉根部喷湿再撒上一层硫黄粉或木炭粉，然后晾干，再栽种到消过毒的沙土或者煤渣中，待其重新生根后再移栽到花盆中。

🔗**知识链接**4-9

硫黄粉

硫黄粉是一种不溶于水的黄色粉末，具有杀虫和杀菌作用。它既可以用来防治害虫，还可以用来防治病害，同时还具有调节土壤硝化细菌数量、酸碱度和改良土壤的作用。

4.3 常见室内观赏植物习性与养护

常见室内观赏植物的习性与养护要点，如表 4.2 所示。

表 4.2 常见室内观赏植物的习性与养护要点

植物名称	习 性	养护要点
马拉巴栗/发财树	喜欢充分的日照和高温，也耐阴。适温为15~30℃，10℃以下容易死亡。高温生长期要有充足的水分，但耐旱力较强。	春夏最好放在有阳光的位置。浇水要遵循"见干见湿"的原则，生长季一般每3天浇水一次，夏天每天向叶面喷水。冬天不耐寒，应注意保暖。每1~2年就应换一次盆。在生长季，如通风不良，容易发生红蜘蛛和介壳虫等虫害，应注意观察。发现虫害要及时捉除害虫或喷药。
澳洲鸭脚木	喜温暖、湿润、通风和半阳环境。安全越冬温度为8℃。盆栽宜用排水良好、富含有机质的沙质土壤。	放置于室内有散射光的位置。生长季时，每月施一次肥料，并充分供应水分，保证盆土湿润。冬季要注意保暖，以防冻害。
鹅掌柴	中性植物，适应能力强。喜温暖、湿润、半阳环境。喜土质肥沃的酸性土壤，稍耐瘠薄。在明亮且通风良好的室内，可较长时间观赏。	对水的适应性强，浇水要遵循"见干见湿"原则。冬季低温条件下应适当控水。生长茂盛，需要较多的肥料。易萌发徒长枝，应加强修剪，控制株形。注意红蜘蛛、介壳虫的发生和危害。 有黄、白斑纹的品种，如光照太弱或偏施氮肥都会使其斑纹模糊，从而失去了原有特征。

植物名称	习　性	养护要点
菜豆树 / 幸福树	喜阳光充足，但耐半阴，尤其苗期和新萌发的新枝更耐阴；耐高温而畏寒冷，宜湿润而忌干燥。	枝叶密集，耗水多，夏季要多浇水，但盆内不能积水。为了保持叶片清洁，可以向叶面喷洒清水，洗去灰尘。冬季低温时植株进入半休眠状态，可以少浇水。 注意修剪，保证树形美观。增加通风，避免树叶因通风不畅而枯黄和脱落；若通风不畅，易引起叶斑病和介壳虫的发生。 可定期埋施少量多元缓释复合肥颗粒，也可用0.2%尿素加0.1%的磷酸二氢钾混合液浇施。中秋后，可连续追施2~3次0.3%磷酸二氢钾溶液，以增加植株的抗寒性，有利于其安全越冬。
榕树	适应性强，喜高温，喜光也能耐阴，喜水又耐旱，最好摆放在阳光充足的位置。	耐贫瘠能力较强，不需要经常施肥；浇水要遵循"见干见湿"原则；萌发力较强，要经常修剪以保持树形。易受榕母管蓟马为害，发现"饺子叶"要立即摘除；偶有介壳虫为害，发现后即用刷子人工刷除。
观音棕竹	性喜温暖湿润、通风良好的半阴环境。耐阴性强，怕暑热，忌强光暴晒，不耐积水。土壤要求湿润而排水良好，以富含腐殖质的微酸性沙质土壤为佳。	耐阴性强，适宜在东面和北面阳台种植，也宜在室内摆放。盆土表面干后再浇水。每月施复合肥一次。易发生叶斑病、叶枯病和霜霉病。
散尾葵	喜高温、潮湿和半阴且通风良好的环境，怕冷，耐寒力弱，越冬温度在10℃以上。不耐干旱，怕烈日干风。盆栽宜用疏松、排水良好、肥沃的土壤。	耐寒力不强，冬天温度宜保持在10℃以上。平时要保持土壤湿润。耐阴性强，宜放于有散射光的位置，保持盆土湿润，夏季干燥时多喷水于叶片上。生长季节每月施一次以氮肥为主的复合肥。植物具有向光性，室内盆栽要定期旋转花盆，使植物四周生长均匀、美观。 光照直射、缺水时，植株都会出现叶片发黄和焦尖、焦边等现象。
苏铁	喜光，喜温暖，不甚耐寒，越冬温度在7℃以上，稍耐半阴，以微酸性沙质土壤为宜，生长甚慢。	盆栽宜放置于阳光直射处，最适合放在南面阳台，若放置在室内，时间不能过久。抗旱能力较强，浇水应遵循"见干见湿"的原则。需肥量不大，生长期每月可施一次复合肥。苏铁为喜铁植物，换盆时可施入150倍液左右的硫酸亚铁，补充铁质，叶色会更加油亮碧绿。由于苏铁生长慢，不需要过多修剪，可视情况而定。具有向光性，要适时转换盆栽位置。注意介壳虫和叶斑病的发生与防治。

续表

植物名称	习 性	养护要点
巴西铁/香龙血树	生命力很强，喜高温、高湿，对光线适应性很强，耐旱不耐寒，越冬温度不能低于10℃。盆栽宜用富含腐殖质、排水良好的肥沃土壤，忌碱性土壤。	摆放在明亮的散射光处，会生长良好。对水分的需求量较小，一般10天左右浇水一次，盆土保持在半干半湿状态即可，浇水不宜过多，以防树干腐烂。一般在盆土基部或边缘埋施有机肥即可。 氮肥过多、阳光不足，则叶片上的金黄色斑纹不明显，影响观赏效果。温度过低时，叶尖和叶缘会出现黄褐斑，是造成落叶的主要原因。不需要修剪。
富贵竹	喜高温、高湿，耐涝、耐肥力强，抗寒力强。光照要求不严，适宜在明亮散射光下生长，光照过强、暴晒会引起叶片变黄、褪绿、生长慢等现象。	盆栽最好是摆放在具有散射光的地方。生长期间浇水要充足，经常保持盆土湿润，夏季高温和干燥季节应每天向叶面喷水，过于干燥会引起叶尖干枯。盆栽每月应施一次稀薄液肥或复合花肥。 光线不足或施肥过多，易导致叶片变黄。不要将富贵竹摆放在电视机旁或空调常吹到的地方，以免叶尖及叶缘干枯。易发生炭疽病、叶斑病、茎腐病。
印度橡皮树/印度胶榕	喜温暖湿润、阳光充足的环境，耐阴性不强，不耐寒，夏季忌强光，耐空气干燥，不耐瘠薄和干旱，喜疏松、肥沃和排水良好的微酸性土壤。	要摆放在南向阳台或房间。生长旺盛期要多浇水，冬季盆土可稍偏干。植株如果长时间摆放在室内见不到阳光，会有黄叶现象。要多擦拭叶面，保持叶面清洁，有利于光合作用。 早春还处于休眠期时，要进行修剪、整形。高温时容易发生灰霉病。
金钱树	喜暖热、略干、半阴及年均温度变化小的环境，比较耐干旱，但畏寒冷，忌强光暴晒，喜疏松、肥沃、排水良好、富含有机质、呈酸性至微酸性的土壤。	应摆放在具有一定散射光的位置，盆土保持微湿偏干为好，冬季注意防寒保暖。比较喜肥，除栽培基质中应加入适量沤制过的饼肥或多元缓释复合肥外，生长季节可每月浇施2~3次0.2%的尿素加0.1%的磷酸二氢钾混合液。 通风不良、光线阴暗的环境，叶片易遭介壳虫的刺吸危害。
绿萝/黄金葛	阴性植物。喜湿热环境，极耐阴，畏寒冷，适温18~22℃，越冬温度不能低于10℃，对土壤要求不严。	应选用肥沃、疏松、排水性好的腐叶土，以偏酸性土壤为好。在室内向阳处即可四季摆放，应保持盆土湿润，并向叶面喷水，提高空气湿度，以利于气生根的生长。旺盛生长期可每月浇一遍液肥。
吊兰	中性植物。喜温暖湿润、半阴的环境。适应性强，较耐旱，不择土壤。	吊兰由于适应性很强，养护管理很粗放。夏季不能阳光直射，应放置于室内明亮处并保持高湿环境。但需要注意的是植株生长旺盛，根系很多，所以每年都需要分株换盆。枝叶繁茂，夏天蒸腾量很大，每天都需要浇水。喜肥，如肥水不足，会叶色变淡、叶尖焦枯。

续表

植物名称	习　性	养护要点
常春藤	喜温暖、多湿环境，耐阴不耐寒，对土壤要求不严。喜湿润、疏松、肥沃的土壤，不耐盐碱。	盆栽宜放置于室内明亮处，不要强光直射，否则易引起日灼病。生长季节浇水要"见干见湿"，不能让盆土过分潮湿，否则易引起烂根、落叶。春秋季每月施一次复合肥。及时摘心，促使其多分枝，使株形丰满。越冬温度一般不宜低于5℃。
吊竹梅	喜温暖湿润环境，较耐阴，不耐寒，耐水湿，不耐旱。喜肥沃、疏松的腐殖质土壤，也较耐瘠薄。	盆栽放置于室内明亮处即可，不要有阳光直射。生长期每天浇水一次，保持土壤湿润，冬季减少浇水。生长期每月施液肥一次，冬季注意保暖，不宜低于10℃。
猪笼草	喜高温高湿、有明亮的散射光的环境，忌强光直射，忌干燥，不耐寒。喜疏松、排水良好的土壤。	盆栽适宜摆放于室内有散射光的明亮处。生长季节保持土壤湿润、光照充足，多喷水。冬季注意防寒，室温保证在10℃以上，否则叶片会遭受冻害。
海芋/滴水观音	喜高温高湿，耐阴，忌强光照射，不耐寒。喜疏松、肥沃的土壤。	盆栽基肥要足，适合长期摆放在室内。在生长季节，宁湿勿干，勤施薄肥；在冬季休眠期，控制肥水，可安全越冬。定期转换花盆方向，以便均匀受光，保持较好株形。 注意灰霉病、白粉虱和红蜘蛛的发生与防治。
龟背竹	耐阴植物。喜温暖、湿润的环境，忌强光暴晒和干燥，不耐寒。喜肥沃疏松、吸水量大、保水性好的微酸性土壤。	盆栽摆放于室内散射光处，夏季置于阴凉通风处，经常喷水，保持高湿。生长期间，每半个月施一次稀薄饼肥水。经常擦洗，保持叶片清洁，以利于进行光合作用。冬季注意保暖，室内尽量保持在10℃以上。
春羽/裂叶喜林芋	喜温暖多湿、半阴环境，忌强光暴晒。喜腐殖质丰富、排水良好的沙质土壤。	可长期摆放在室内光线明亮区。生长期要保持盆土湿润，勤施薄肥。及时摘心，控制株高，修剪不规则的枝蔓，保持株形匀称、美观。 注意叶斑病和介壳虫的发生与防治。
非洲茉莉	喜温暖、有光照、高湿和通风良好的环境，但忌夏日阳光直射，不耐寒冷。喜疏松、肥沃、排水良好的土壤。	盆栽适宜摆放于室内南向靠窗位置，要有较充足的散射光。生长季节要多松土，保持盆土通气和湿润，忌根部积水；冬季要严格控制水量，以偏干为好。 萌芽、萌蘖力强，注意多修剪，保持株形。
兰花	喜湿润气候和半阴环境，忌高温、干燥和强光直射。喜土层深厚、腐殖质丰富、疏松的微酸性土壤。	适宜摆放在散射光较多的光线明亮区。浇水是养好兰花的关键，生长期盆土要保持湿润，即"润而不湿，干而不燥"，夏季多向盆面和周围喷水，冬季盆土不干不浇。生长期每2~3周施一次稀薄肥，冬季停止施肥。夏季注意降温增湿、遮阴通风、防治病虫害。总之，养兰需要把好四关，即养根、施肥、光照、透气。 注意介壳虫、红蜘蛛、花蓟马、炭疽病和白绢病的发生与防治。

续表

植物名称	习性	养护要点
君子兰	喜半阴环境，怕强光直射，怕热畏寒。喜富含腐殖质、透气性良好的微酸性沙质土壤。	四季养护要点：春忌风吹，夏忌日晒，秋忌雨淋喷水，冬忌低温干燥。 夏季避开强光，放在室内光线明亮区，其他季节放在阳光充足区。冬季注意保暖，0℃以下易受冻害。具有肉质根，盆土忌过湿和积水，否则易烂根。盛夏进入半休眠期，不施肥。盆栽摆放时要让叶片伸长方向与光线平行，使叶片受光均匀，向光性一致，不争光，则叶片生长整齐，观赏性强。 注意烂根和日灼病的发生与防治。
水塔花	喜高温、湿润、阳光充足环境，耐阴，忌强光直射，不耐寒。喜肥沃、疏松的沙质土壤。	能常年放置在温暖、明亮的室内，冬季需要保暖，室温保持在10~15℃。生长期盆土保持湿润，不宜积水，浇水时大部分水应浇在中心部的空筒中。
一品红／圣诞花	短日照植物。喜温暖、湿润及光照充足的环境，不耐低温。	喜光，但夏季最好放到稍阴处。冬季温度要高于10℃。经常保持湿润，但不宜过干过湿。生长期需肥量大，多追肥，花蕾期增施磷、钾肥，促进苞片生长及色泽鲜艳。 注意灰霉病、根腐病、茎腐病和叶斑病的发生与防治。
花烛／红掌	属于喜阴和对盐分较敏感的花卉品种。性喜温暖、湿润、空气流通的环境，最适温度为20~28℃，低于15℃需采取加温措施，以防冻害。	适宜摆放在室内有散射光的明亮处。控制好室温，夏季降温，冬季加温；保持较高的空气湿度，冬天当室内湿度不够时，可在植株上方喷雾或在花盆四周放一些装水容器，让水分自然蒸发，提高湿度；最好施用红掌专用肥，开花期间不要施肥。浇水要遵循"见干见湿"的原则。 注意炭疽病、蚜虫等的发生与防治。
仙客来	喜光花卉。不耐热，好凉爽，但也不耐寒，适宜生长温度在10~20℃，30℃以上则进入休眠。	冬天适合摆放在室内向阳通风处。浇水最好采取浸盆法。一般用缓释颗粒肥作基肥，在基肥足够的情况下，并不需要追肥。及时摘除黄叶、残花，一般先摘除顶部，等叶柄、花梗枯萎时，再从基部拔除，这样不容易得腐烂病。夏天处于休眠状态，只需放在通风凉爽的环境中，偶尔向土壤喷水，使其微微湿润即可，10月以后，再增加浇水量，使其恢复生长。
龙船花	喜温暖湿润、阳光充足的环境，耐半阴、不耐寒；冬天可耐0℃左右低温。	生长期要放在光照充足处，夏季高温需适当遮光。浇水原则为"不干不浇，浇则浇透"。花谢后要及时剪掉残花，生长期要摘心，以促进分枝、开花。

植物名称	习　性	养护要点
米仔兰	喜温暖、多湿的环境，怕寒冷，怕干旱，室内最低温度不能低于4℃。	秋末初冬，停止施肥、控制浇水，进行耐寒、耐旱锻炼；冬季若室内低于4℃，需采取适当的防寒措施；春季要防春寒，只有气温稳定时才可出室，在出室前应将门窗打开，使其适应室外环境。每年春季最好能翻盆换土，通过修剪控制株形。开花期每半个月要施复合肥一次，并保持盆土湿润。为了控制高度，可在每年4~5月喷一次多效唑，控制徒长。
茉莉花	喜阳光，喜暖，怕冷。忌土壤黏湿，嗜肥，有花谚"清兰花，浊茉莉"。	茉莉畏寒，霜降后移入室内，太冷时可用塑料袋套盆。施肥以常施、少施为原则，特别是在开花期。在管理上要做到用盆适宜，及时换盆、翻盆换土；注意修剪和整枝，保持株形、生长势，促进开花。
栀子	喜温暖、湿润、光照充足且通风良好的环境，但忌强光暴晒，耐半阴，较耐寒。喜肥沃的酸性土壤。	适宜摆放在室内散射光充足区。保持盆土湿润，盆栽一定要用肥沃的酸性土壤。开花前增施磷、钾肥，促进花蕾形成。萌芽力、萌蘖性均强，要及时修剪，保持株形优美。 注意介壳虫和蚜虫的发生与防治。
含笑	喜半阴，怕强光暴晒，喜温暖、湿润的环境，较耐寒。喜深厚、肥沃的微酸性土壤。	适宜摆放在室内散射光充足的光线明亮区。盆土要保持湿润，不得过湿或积水，否则植株易烂根。冬季室温尽量保持在5℃以上，注意防寒。生长期每月施肥一次。花后换盆，注意修剪。 注意介壳虫的发生与防治。
月季	喜温暖、日照充足、空气流通的环境，耐寒性强。对土壤要求不严，但以疏松、肥沃、富含有机质、微酸性、排水良好的土壤较为适宜。	适宜摆放在直射光强的阳光充足区，但夏季中午避免强光直射。生长期盆土要保持湿润，不得积水。修剪是月季管理工作中的重要环节，冬季修剪不宜过早，否则易引起冻害，生长期每次开花后必须进行修剪。 注意白粉病、黑斑病、蚜虫、红蜘蛛和刺蛾的发生与防治。
茶花	喜温暖、湿润环境，不耐干燥，耐半阴，怕强光暴晒，较耐寒。喜肥沃、疏松、排水良好的酸性土壤。	适宜摆放在室内散射光充足的光线明亮区。生长期盆土要保持湿润，不得积水；冬季花期可多浇水。盆栽放置于室内可安全越冬。盆土不宜为碱性，生长期每月施肥一次。 注意介壳虫、炭疽病的发生与防治。
杜鹃花	喜温暖、湿润、半阴的环境，忌暴晒、旱涝、浓肥。喜疏松、通透性强、排水良好、富含腐殖质的酸性土壤。	可长期摆放在室内光线明亮区。保持盆土的酸性，土壤酸度达不到时可结合浇水，在水中添加0.5%食醋，也可适当施用矾肥水或0.2%硫酸亚铁水溶液。换盆时，在盆土中加入适量缓释肥。开花后剪去徒长枝、病弱枝、畸形枝、损伤枝。 注意杜鹃网蝽和杜鹃叶蜂的发生与防治。

续表

植物名称	习 性	养护要点
八仙花	喜温暖、湿润的环境，耐阴、不耐寒，喜腐殖质丰富、排水良好的疏松土壤，耐湿。八仙花在不同酸碱度的土壤中花色会有变化，在酸性土中呈蓝色，在碱性土中则以粉红色为主。	适宜摆放在室内散射光充足的光线明亮区。盆土以稍干燥为好，过于潮湿则叶片易腐烂。每半月施肥一次，增施磷、钾肥。注意短截和修剪，增加花枝，保持株形优美。 可通过施石灰获取红色花，施醋获取蓝色花。 注意蚜虫、叶斑病和白粉病的发生与防治。
四季秋海棠	喜阳光、温暖、湿润环境，怕寒冷。喜湿润的土壤，忌水涝，需加强通风、排水。	适宜摆放于室内散射光充足的区域。冬季需注意保暖防寒。浇水的原则为"不干不浇，浇则浇透"，春秋季盆土要保持湿润，夏冬季盆土要稍干燥。不喜浓肥，生长季节要"薄肥多施"，才能枝繁花茂。摘心要及时。当花谢后，一定要及时修剪残花、摘心，才能促使多分枝、多开花。反之，则易长得瘦长，株形不美观，开花也较少。
丽格海棠	喜温暖、湿润、半阴环境，对光照、温度、水分及肥料要求比较严格。	冬季要注意保暖，温度不得低于15℃。由于冬季丽格海棠仍处于生长开花期，应尽量摆放在室内的朝南向阳处，如室内窗台上等。中午浇水，观赏期放在室内时，可施少量花卉专用肥。
斑叶竹节秋海棠	浅根系植物。性喜半阴，不耐寒，忌暴晒、炎热和水涝，抗旱性强，怕积水。喜疏松、肥沃的沙质土壤。	吸收根系分布在盆土表面，切忌放入浓肥，以免烧伤根系。生长旺盛期要多浇水，保证盆土表面湿润，同时勤施薄肥（氮、磷、钾复合肥），使植株花势繁盛。春秋季放在光线明亮的散射光处，盛夏要避开强烈的阳光。梅雨季节要加强通风，保证盆土偏干，以免发生茎腐病。
天竺葵	喜凉爽气候，不耐寒，生长适温为10~25℃，能耐0℃低温；喜光照充足的环境，耐旱，怕涝。喜排水良好的肥沃土壤，对环境适应性较强。	适宜摆放在南面窗台或阳光充足的位置，否则易落花、落叶，开花期可置于室内明亮处欣赏。盛夏高温时，会进入半休眠状态，需严格控制浇水。注意修剪整形，早春疏枝，开花后剪去过密枝，入秋进行全面修剪整形，使整个植株枝条分布均匀、紧凑，株形丰满矮壮。
长春花	性喜高温、阳光充足的环境，但能耐半阴，不耐严寒，适宜温度为20~33℃。	适宜摆放在阳光充足的阳台或窗台，否则容易引起徒长。萌芽后要进行摘心处理，以促进多发分枝、多开花，花后需剪去残花。生长开花期要保证足够的阳光和充足的肥水。冬季需注意保温。

植物名称	习　性	养护要点
大岩桐	半阳性植物。喜半阴环境；喜温暖，忌阳光直射，夏季宜保持凉爽，生长期要求空气湿度大，但土壤不宜太湿；不耐寒，冬季进入休眠状态。喜肥沃、疏松的微酸性土壤。	生长期摆放在通风、有散射光处即可，冬季休眠期需保持盆土干燥，如湿度过大或温度过低，块茎易腐烂。较喜肥，从叶片伸展后到开花前，每隔10~15天应施稀薄的饼肥水一次。当花芽形成时，需增施一次骨粉或过磷酸钙，施肥水时不可沾污叶面，否则易引起叶片腐烂。花期要注意避免雨淋，温度不宜过高，可延长观花期。
佛手	浅根性、嗜酸性植物。喜温暖湿润、阳光充足的环境，耐瘠、耐涝，畏严寒及干旱。	浇水是管理好佛手的关键，生长期需要勤浇水，冬季需保持盆土湿润。喜肥植物，需勤施薄肥。冬季需要移至向阳处增温。
石榴	生性强健，易栽易活，喜阳光，怕渍涝，喜干燥。	适宜放在阳光充足的位置，若光照不足易徒长，易影响开花、结果。喜肥植物，花果期要增施磷、钾肥。花期适当控水，忌忽干忽湿，以防花蕾脱落。
袖珍椰子	喜温暖，耐半阴，稍耐寒。喜疏松、肥沃、透气性好、富含有机质的土壤。	适宜摆放在温暖湿润、通风良好的位置，夏季需避免直射光，旺盛生长期要保证充足的水分和较高湿度。 生长期易发生叶斑病。
万年青	喜温暖、湿润和半阴的环境。忌强光直射，不耐寒。要求疏松、肥沃、排水良好的酸性沙质土壤。	适宜摆放在阳光充足的位置，冬季要注意保暖。生长期，花期长、花量大，肥水一定要充足，但过湿易烂根。 注意叶斑病、炭疽病和褐软蚧的发生和防治。
花叶万年青	喜温暖、湿润和光线明亮的环境，较耐阴，不耐寒，怕干旱，忌强光暴晒。冬季温度低于10℃，叶片易受冻害。	适宜摆放在室内散射光较多的明亮区，冬季要控水、加温、保暖，夏季注意喷水、增湿、降温；生长期盆土保持湿润，不能积水，及时施肥。 注意叶斑病、褐斑病和炭疽病的发生与防治。
绿巨人	喜荫蔽、凉爽、湿润的环境和肥沃的土壤，忌干旱、高温和阳光直射。	适宜摆放于室内光线明亮处，但冬季宜放在阳光充足区，并注意保暖和控水。生长期盆土保持湿润。及时修剪枯黄叶和转换方向，以保持株形和观赏性。 注意蚜虫、叶斑病、炭疽病的发生与防治。
花叶芋/彩叶芋	喜高温、高湿和半阴环境，不耐寒，忌干燥和暴晒。喜疏松、肥沃、排水良好的土壤。	若光线不足，则叶彩斑变暗，叶徒长而显软弱。春夏两季需大量浇水，保持盆土湿润，但不能积水，否则块茎易腐烂。冬季需要保暖。及时剪除老叶和黄叶。
朱蕉	喜高温、多湿的环境，冬季低温临界点为10℃，喜光又耐阴，忌烈日。喜肥沃、疏松的微酸性土壤，忌碱性土壤。	宜摆放在室内光线明亮处，冬季注意控水、防寒。生长期，盆土保持湿润，但不得积水。宜氮、磷、钾肥配合施用，否则叶色变淡、变绿，观赏性降低。

续表

植物名称	习　性	养护要点
变叶木	喜高温、湿润和阳光充足的环境，忌干旱，不耐寒，不耐阴。喜肥沃、保水性强的黏质土壤。	最好摆放于室内南向阳光充足处，若光照长期不足，则叶面斑纹、斑点不明显，缺乏光泽，枝条柔软，甚至产生落叶。生长期要给予充足肥水，冬季要注意保暖防寒，休眠时进行修剪整形。
文竹	喜半阴的环境，畏强光直射，不耐寒，喜温暖，忌强光，喜湿润，怕泡根。喜肥沃、疏松的土壤。	宜摆放在室内光线明亮处。适当掌握浇水量，做到"不干不浇，浇则浇透"，经常保持盆土湿润。冬季应置于室内比较暖和的地方。宜勤施薄肥，及时修剪过密的枝条，注意造型。
冷水花	喜温暖、湿润、光照明亮的环境，也较耐阴。喜疏松、肥沃的沙土。	盆栽夏天宜摆在北窗，冬天宜放到南窗，冬天注意防寒。盆土保持湿润，秋季增施磷、钾肥，提高抗逆性。 及时摘心，以便促发较多侧枝，使株形矮壮而丰满。
网纹草	喜高温、高湿及半阴的环境，畏冷，怕旱，忌干燥，也怕渍水。喜排水、透气性好的土壤。	宁湿勿干，但不能有积水；缺水时，植株易出现萎蔫现象。要及时补水，否则易导致其死亡；冬季浇水要注意水温。冬季怕冻，要保持温度不低于15℃。为保持株形优美，新栽的盆苗应多次摘心，促进分枝。
肾蕨	喜温暖、湿润和半阴的环境，忌阳光直射，不耐寒，较耐旱，耐瘠薄。对土壤要求不严。	宜放置于室内有散射光的地方。过冬温度不低于8℃。夏天除保持盆土湿润外，还需要经常向叶片喷洒清水。生长季节每月应施复合肥一次。
巢蕨／鸟巢蕨	喜温暖、湿润的半阴环境，不耐寒，忌干旱和烈日暴晒。盆栽土壤宜用泥炭土或腐叶土。	宜摆放在室内光线明亮处或其他无直射阳光处。生长季节要充分浇水，冬季室温低时，以保持盆土稍湿润为好。夏季除应大量浇水外，还需每天喷洒叶面2~3次，防止叶缘干枯卷曲。生长旺期，一般每2~3周需施一次氮钾混合的薄肥，促使新叶生长。
长寿花	喜温暖、稍湿润和阳光充足的环境，不耐寒，耐干旱。喜肥沃的微酸性沙质土壤。	宜摆放在冬暖夏凉、阳光充足的位置，浇水要"见干见湿"，不宜过多。及时施肥，促进生长。注意摘心和整形。具有向光性，生长期间应注意转换花盆的方向，使植株受光均匀，均衡生长。
景天树／玉树	喜温暖、干燥和阳光充足的环境，不耐寒，怕强光，稍耐阴。喜肥沃的沙质土壤。	宜摆放于阳光充足的地方。日常养护主要措施包括：第一，生长期间适度修剪过长枝和过密枝，保持植株匀称；第二，经常转盆，促进均衡生长，保持美观；第三，避免多浇水，造成烂根死亡；第四，生长季节勤施薄肥。
蟹爪兰	喜光，也耐半阴，喜温暖的环境，较耐干旱，怕夏季高温。喜欢疏松、富含有机质、排水透气良好的微酸性土壤。	夏季避免烈日暴晒，冬季要求温暖和光照充足。因植株怕涝，宜适度湿润，切忌盆内积水，否则极易导致其烂根。花后和生长期要及时疏剪、短截，控制株形。高温阶段应停止施肥，花前应施磷、钾肥。注意炭疽病、腐烂病、白盾蚧和叶螨的发生与防治。

植物名称	习　性	养护要点
仙人掌	喜强烈光照，耐炎热、干旱、瘠薄土壤，生命力顽强，管理粗放，很适于在家庭阳台上栽培。喜排水、透气性好的沙质土壤。	新栽植的仙人掌先不要浇水，每天喷雾几次即可。需要充分的阳光。施肥时应遵循"适时、适量和看对象"的原则。
虎尾兰	喜温暖、向阳环境，生长适温为18~24℃，冬季不低于0℃，耐干旱，忌积水。喜排水良好的沙质土壤。	夏季怕强光直射，在室内散射光下就可很好地生长。浇水宜"见干见湿"。冬季温度偏低时，一定要控制浇水，否则容易冻死。
麒麟掌	喜高温、阳光充足的环境，但又耐半阴，稍旱也不会干死。	第一，土壤要疏松透气，忌黏重土。第二，水肥宜少不宜多，盆土不干即可，防止徒长。第三，一年四季全光照，夏季忌暴晒。第四，冬季北方要放室内莳养。第五，用盆宜深，以利于根系生长。
生石花	喜冬暖夏凉、温暖干燥和阳光充足的环境，怕低温，忌强光。喜疏松的中性沙质土壤。	盆栽宜放在室内东南向的门窗附近，以便接收光线，否则易造成植株徒长，影响其观赏性。浇水应遵循"不干不浇，浇则浇透"的原则。高温季节暂停生长，进入夏季休眠期，秋凉后又继续生长并开花，花谢之后进入越冬期。
熊童子	喜凉爽、干燥和阳光充足的环境，怕阴湿和高温，且不耐寒。	家庭种植时，可将其放在阳光充足的南阳台或南窗台等处，否则会因光照不足造成植株徒长、株形松散、"脚趾甲"消失等现象。
玉露	喜凉爽的半阴环境，主要生长期在春、秋季节，耐干旱，不耐寒，忌高温、潮湿和烈日暴晒，忌土壤积水。	选择稍微深一点的花盆、透气的土壤。若生长期给予充足的散射光，则叶片肥厚饱满、透明度高。生长期浇水应遵循"不干不浇，浇则浇透"的原则，避免积水和雨淋。

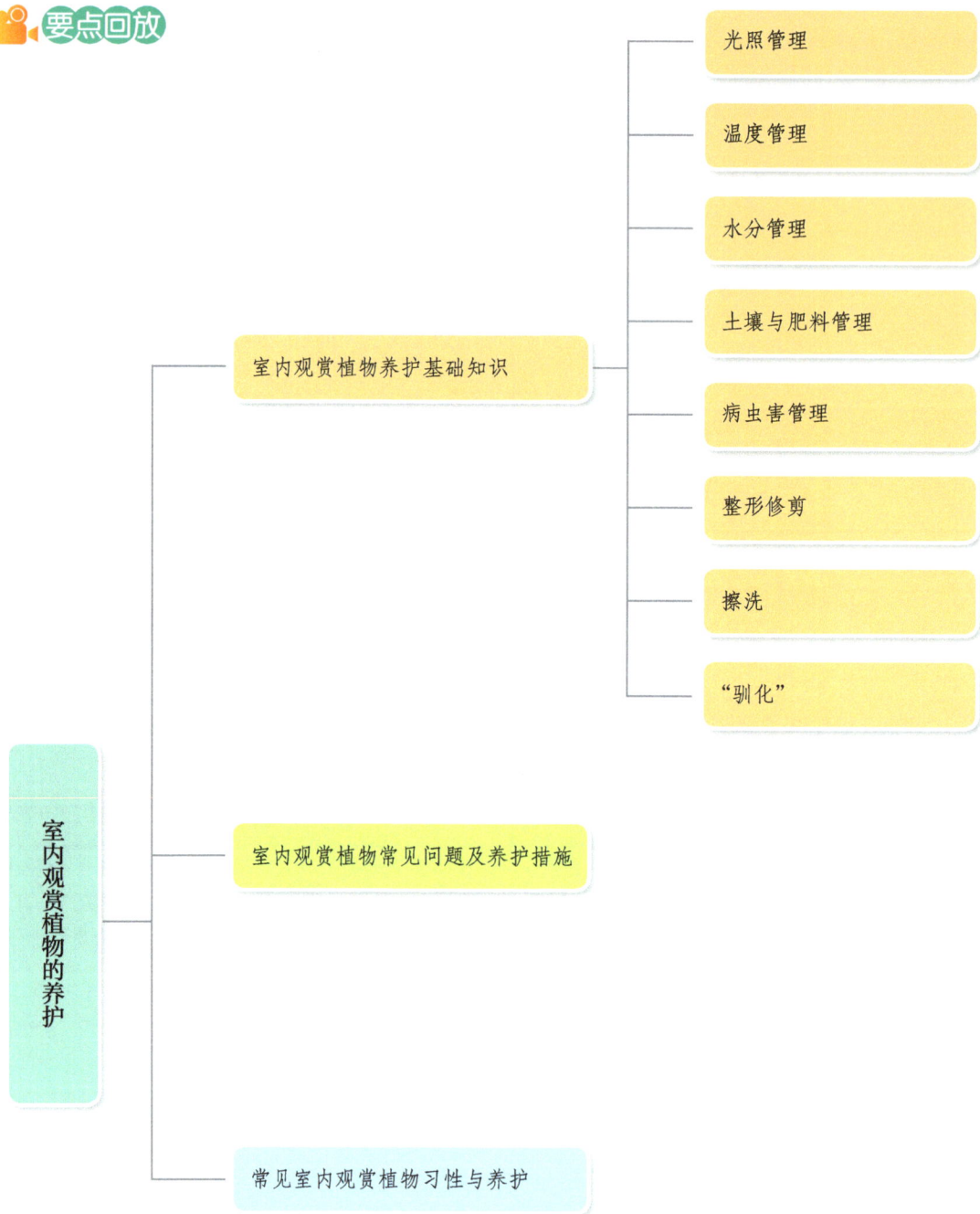

要点回放

室内观赏植物的养护
├─ 室内观赏植物养护基础知识
│   ├─ 光照管理
│   ├─ 温度管理
│   ├─ 水分管理
│   ├─ 土壤与肥料管理
│   ├─ 病虫害管理
│   ├─ 整形修剪
│   ├─ 擦洗
│   └─ "驯化"
├─ 室内观赏植物常见问题及养护措施
└─ 常见室内观赏植物习性与养护

✏ 课后体验

体验一　考一考

一、填空题

1. 室内观赏植物浇水应遵循"＿＿＿＿"、"＿＿＿＿，＿＿＿＿"原则。

2. 夏天给植物浇水应安排在＿＿＿＿，而冬天浇水则应安排在＿＿＿＿，使得浇水时水温与室内温度接近，避免水温过高或过低，引起植物不适，出现"＿＿＿＿"甚至死亡现象。

3. 室内观赏植物施肥应遵循＿＿＿＿原则。

4. 室内观赏植物的修剪方法有＿＿＿＿、＿＿＿＿、＿＿＿＿、＿＿＿＿、摘花果和短截。

体验二　想一想

二、简答题

1. 浅谈室内观赏植物病虫害防治的原则。
2. 浅谈室内观赏植物灰霉病的防治措施。
3. 浅谈室内观赏植物介壳虫的防治措施。

体验三　做一做

三、实训项目

实训项目4-1：选择室内观赏植物的某一类害虫或病害，制订详细防治方案，并在全班进行汇报。

1. **实训目标**

通过实践训练，培养学生对室内观赏植物病虫害的防治能力。

2. **实训组织**

教师对学生进行分组，每组3人，各组推选组长，由组长负责组织讨论和任务分配，完成防治方案，并确定代表人选上台讲解。

3. **实训要求**

每组讲解时间5分钟，讲解形式不限。

4. 评价内容

序　号	评价项目	分值（分）
1	方案的科学合理性、完整性和可实施性	50
2	汇报情况	10
3	学习态度	20
4	沟通与团队合作能力	10
5	组长组织管理能力	10

第5章

室内观赏植物的租摆

SHINEI GUANSHANG ZHIWU
DE ZUBAI

⊕ 学习目标

▶ 知识目标

1. 了解观赏植物租摆的内涵，熟悉植物租摆的条件，掌握植物租摆服务的整个流程及各环节内容。
2. 掌握室内环境特点和植物养护基本知识。
3. 理解并掌握室内观赏植物租摆服务标准。

▶ 技能目标

1. 培养从事植物租摆的职业兴趣，强化租摆服务的职业精神。
2. 培养从事租摆服务的综合素质和实际操作能力。

C 引例

假如你承接某校校庆的会场植物装饰工程，烘托校庆的活动气氛，请你做好植物租摆方案，包括植物品种、数量、摆放位置及摆放方式等。

? 问题

为了烘托校庆氛围，选择植物时应注意哪些问题？

📙 知识研修

室内装饰观赏植物，既是现代人的身心需求，也是室内美化和空气净化的需要，因此室内绿化作为一种装饰艺术已成为现代商务工作和居家生活的必需。工作了一天，当你打开家门，一抹绿色映入眼帘，一股花香扑鼻而来，疲惫的身心顿时得到了舒缓，这是一件多么美好的事情。

可是工作忙碌的人们既没有专业的植物知识，又缺少空闲的时间，怎么办？

此时，人们可以选择观赏植物租摆服务。现在有许多花卉租摆公司，它们有专业的团队，专门从事观赏植物租摆、景观设计和养护，可根据客户不同的需求提供相应的服务。

5.1　观赏植物租摆服务概述

5.1.1　观赏植物租摆的概念

观赏植物租摆是以租赁的方式，通过摆放、养护、调换等过程来保证客户的生活环境里始终摆着常看常青、常看常新的观赏植物的一种经营方式。其以实现"绿色空间、舒畅心情"为目标，为人们提供健康惬意、哲思智达的环境空间，提升生活品质，所以租摆服务的理念就是引绿入室、优化环境、返璞归真、美化生活。

现代人崇尚典雅，崇尚自然，崇尚环境，崇尚绿色。有哪种享受能与"同绿树共处，与花草相伴"相比？既能观其如诗如画之美，又能闻其醉人之香，更能在紧张、繁忙的工作之余，品味一下花草不同寻常之处，舒缓一下现代人紧张的神经。

宾馆、商务楼、写字楼、企事业单位等，凡是有人活动的场所，均成了室内观赏植物进军之地。一场室内观赏植物"革命"在人们追求接近大自然的趋势中悄然进行。很多企事业单位虽喜欢摆放观赏植物，但难以为植物找一个养护基地。且由于他们工作繁忙、生活节奏快，也没有耐心和时间去养花弄草，所以需要有专业的人员来帮助管理。

5.1.2　观赏植物租摆服务条件和项目

1．观赏植物租摆服务的条件

（1）必须有一支技术精湛的专业队伍。

（2）必须有一个规模较大、养护管理先进、观赏植物种类齐全的基地。

2．观赏植物租摆的类型

观赏植物租摆一般分为两大类：日常租摆和临时租摆。

（1）日常租摆。如酒店租摆、宾馆租摆、商业区租摆、办公区租摆，主要面向公司、商场、写字楼、商务中心、娱乐中心等。

（2）临时租摆。如会场租摆、喜庆租摆等。

5.1.3　观赏植物租摆服务内容

（1）出租盆栽植物，提供托盘、托盆等相关服务。

（2）负责运输，送货上门；租摆到位，定期养护。

（3）及时更换盆栽植物，保证观赏效果。

（4）可根据用户要求，进行特殊设计和布置。

5.1.4　观赏植物租摆服务意义

观赏植物租摆不仅省去了企事业单位和个人养护植物的麻烦，而且专业化、集约化的经营方式可以以低廉的价格为企事业单位和个人提供高档花卉的出租服务，符合现代人快节奏的生活节拍和崇尚典雅、崇尚自然的理念。

对于客户来说，具体的好处有以下几点：

1. 省心

对于用户来说，租花比买花省心。因为植物的观赏价值有保证，如果花蔫了或是死了，花卉公司还负责更换。某公司物业管理部门负责人说："租摆比直接买花省心、省钱。租摆公司负责花木的养护，我们用不着专门雇人养护，也省去了很多后顾之忧。"

2. 观赏植物种类可定期更换

植物租摆最吸引人的地方在于，租摆公司在不增加任何费用的情况下，可以按照客户需求，定期为其更换不同的观赏植物。在此基础上，租摆公司还可根据室内环境，为客户提供几套不同风格的室内观赏植物租摆设计，大、中、小型不同品种的花卉时常变换组合，能带给客户一种全新的享受。一位喜欢租花朋友说："欣赏花卉就像人穿衣服一样，再漂亮的花，天天看也会烦的，租摆花卉还满足了人们喜新厌旧的心理需求。"另外，定期更换花卉种类可调节室内空气，有利于人体健康。

3. 租摆植物相对于购买更划算

一般来说，租摆植物每月的租金是其零售价的 20% 左右，但针对不同的植物，也有不同的定价标准。养护较容易的植物，出租的费用相对较低；而养护难度比较大、季节性比较强的植物，出租的费用则相对高一些。比如杜鹃，季节性比较强，不仅维护起来难度大，而且更换得比较快，一般一个月就要换一盆新的，所以月租可能是零售价的 40% 左右。尽管如此，租花还是比买花划算。行业人士认为，如果选择自己购买，虽然只需要支出购买的费用，但是没有专业人员来打理，很多价格昂贵的花卉，由于客户不会养护，一段时间后就可能死掉，或者因失去观赏价值而被丢弃。此时不仅是客户损失金钱，同时也造成了资源浪费。但选择租摆就不同了，客户只要每月定期交租用费就可以有专业人员定期修整、施肥、杀虫。当然，长期租用出的价格要比购花高 50% 左右。但是如果买花，则要自己建温棚，花不用时，还得有专人养着，投入也是非常大的。最关键的是，租摆花卉在消费质量方面要高得多，因为优质的服务保障了消费的质量。

4. 环保

租摆的花卉是可以回收利用的，客户如对花卉不满意，可以要求更换，换下来的花卉拿回租摆公司培养一段时间后，就可再重新租摆。尤其是节日前后，这种浪费最明显。如春节是用花的高峰期，每次春节后垃圾桶旁都有很多被丢弃的花卉。其实除花外，塑料花盆和陶瓷花盆也可以回收再利用，尽量避免资源浪费。

5.2　观赏植物租摆服务流程

5.2.1　业务受理

1.　业务受理

通过租摆公司业务员联系或者朋友、熟人介绍等相关途径，接受租摆单位提出的租摆任务。

2.　客户沟通

公司营销部的业务人员与客户（租摆单位）进行沟通，可以通过电话、面谈、QQ等手段，明确客户的相关需求，以便更好地进行后续工作的安排与接洽。

3.　现场考察

在观赏植物租摆设计前，租摆公司要选派设计人员去租摆单位对现场进行全面调查，实地考察，上门取景，以便掌握租摆场地的空间环境、空间大小、空间布局以及租摆单位对植物的要求等相关情况。

5.2.2　租摆设计

在现场调查的基础上，根据客户的预算，设计人员就要进行租摆设计并做出合理的布置方案。

租摆设计就是设计师根据空间大小、整体风格等环境要素和客户个性需求进行观赏植物的配置设计。租摆设计包括针对客户个性需求进行观赏植物材料设计、租摆方式设计和对特殊环境要求下的观赏植物设计。视具体情况提供设计图或文字说明材料，如大型租摆项目还要制作效果图使设计方案直观、易懂。

植物租摆设计应包括以下几个方面：

（1）客户个性植物设计。根据客户个人的兴趣、爱好，进行特殊的植物种类安排。如有人特别喜欢文竹，有人喜欢红掌，有人喜欢金琥等。

（2）植物摆放设计。不同的植物组合可以形成不同的景观效果，同样的植物摆放在不同位置，也会有不同的效果。因此，一定要注意植物摆放设计，这样才能取得好的观赏效果。

（3）环境要求植物设计。在进行观赏植物租摆时，所用植物与环境相协调程度直接影响到植物的美化效果。从事观赏植物租摆要充分考虑植物的生理特性及观赏性，根据不同的环境选择合适的植物进行布置，在室内长期租摆应优先选择耐阴植物。同时，要注意与室内空间装修风格、文化氛围相融合。

（4）制作效果图。根据客户需求和租摆方案，制作出效果图，使方案直观、易懂。

专业设计师根据客户需要设计景观方案，在保证效果的前提下，还应该为租摆单位节约成本，同时应该附有租摆观赏植物的详细清单，如表 5.1 所示。

表 5.1　观赏植物租摆清单

位　置	植物名称	规格（米）	数量（盆）	单价（元/月）	小计（元/月）
A 栋一层大厅	发财树	1.8	2	60	120
	黑金刚	1.4	12	30	360
	花叶芋	0.5	25	8	200
	时令草花	0.5	50	3	150
A 栋一层走道	螺纹铁	0.8	10	20	200
A 栋工作间	幸福树	1.4	5	50	250
	绿萝	1.2	3	30	90
	巴西木	1.6	6	50	300
	孔雀竹芋	0.4~0.6	10	8	80
	金边吊兰	0.4	9	15	135
	红掌	0.5	10	20	200
	凤梨	0.5	8	20	160
	金琥	0.5	12	20	240
	青叶碧玉	0.3	15	5	75
总计			177	339	2560

室内植物租摆以观叶植物为主，它们的叶形、叶色、叶质各具不同的观赏效果。叶的形状、大小千变万化，形成各种不同的视觉效果，具有不同的观赏特性。小叶给人以紧密、厚实的感觉；叶片阔大，具有豪放、疏松的效应；棕榈类大型叶给人以轻快、洒脱之感，具有热带情调。叶片质地不同，观赏效果也不同，如橡皮树的叶厚革质，叶色浓绿，给人以厚重之感；纸质、膜质叶，呈半透明状，给人以恬静之感。设计人员只有真正了解植物的观赏美，才能灵活运用。

总之，设计人员设计出的观赏植物摆放方案，不仅要使观赏植物的生活习性与环境相适应，还要使所选植物的大小、形态、色彩以及寓意与摆放场合协调，给人以愉悦之感。

知识链接5-1

室内植物摆设原则

（1）对于主流空间，可摆置庄重大气、寓意性强的常绿花木，如金山棕、荷兰铁、发财树、滴水观音或珍葵等，同时附着一些有着亮丽色彩的小花作陪衬，使整体气氛活跃、富有生机。

（2）对于高层领导办公区域，可摆放一些常绿花木与年宵花卉等，如红掌、蝴蝶兰、惠兰、仙客来等。年宵花卉色泽亮丽、品味高雅，其档次高于一般花卉。

（3）对于一些角落和空气流通相对较差的位置，我们也有合理的配置，比如可摆设一些能吸收甲醛、苯、三氯乙烯和二氧化硫等多种有害气体的植物，如虎皮兰、铁树、龟背竹、万年青、一叶兰等。仙人掌科多肉植物，具有净化空气的功能，特别适宜摆放在刚装修好的环境里。

（4）对于一些阳光能照射到的地方，则摆放一些季节性花果树木，如石榴、白兰、金橘、月季、水仙花等。

资料来源：佚名. 室内植物摆放原则 [EB/OL].[2015-06-15].
http://www.hz-mx.com/78551-4469/160114.html.

5.2.3　签订合同

租摆公司与客户就观赏植物租摆方案达成一致后，双方应就租摆植物种类、租摆时间、租摆效果、租摆费用等问题签订租摆协议书（见附录1）或租摆合同（见附录2），对双方所承担的责任和权利加以明确。

5.2.4　材料准备

按照租摆设计方案中观赏植物的种类、数量、规格以及相关材料，租摆相关人员进行准备，首先是检查公司基地观赏植物及材料是否齐全，如果有缺少应及时向有关领导汇报并着手采购。

租摆人员在准备材料时，第一，植物选择是关键。应选择株形美观、色泽较好、生长健壮的植物；植物选择得好，不仅布置的景观效果好，而且可以延长更换周期，降低劳动强度，减少运输次数，从而降低经济成本。第二，应选择合适的花盆和套盆，套盆用来遮蔽原来容器不雅的部分，以达到更佳的观赏效果。第三，对植株的黄叶进行修剪，对叶片上的灰尘要进行擦洗，使植物整体保持清洁、干净。第四，节假日及庆典时期等还要对花盆进行装饰，以烘托气氛。

5.2.5　包装运输

将准备好的植物、材料等进行包装出库，以免损坏或破坏植物形状等；然后装车，运送到指定的地点。

5.2.6　现场摆放

植物现场摆放时，一定要按照设计方案将植物摆放到位，最好由设计人员进行现场指导，保证植物呈现最佳的观赏效果。摆放好后，首先，要经过客户检查、确认，并按照协议或者合同进行付款；其次，建立植物档案，让以后的养护人员进行确认，便于以后进行植物的养护管理。

5.2.7　日常养护

观赏植物摆放验收结束后，接下来的主要工作就是日常养护。日常养护主要包括浇水、定期施肥、修剪黄叶和整形、擦洗保持叶面清洁、病虫害的预防和防治、调整植物摆放方向等，以及保持植物的鲜活等工作。一般，养护人员每周1~2次上门进行绿植养护服务。观赏植物若不能及时补充水分，就会出现萎蔫、黄叶等现象，尤其在夏、冬季有空调的房间，植株很容易失水，对于喜湿植物，除向根部浇水外，还应向叶面喷水，使之保持一定湿度。由于施肥、喷药容易产生异味，对环境造成污染，所以一般观赏植物在租摆期间尽量不要施肥、喷药。如果植物确实需要施肥或喷药，那么最好换回到基地进行处理。

工作人员在对观赏植物进行养护时，不能影响客户的正常工作和休息，要保持工作环境整洁。

5.2.8　定期检查和更换植物

1. 定期检查

租摆单位的管理人员要定期进行租摆服务检查，掌握植物生长状况、植物景观状态和养护人员的养护服务水平等，以对其租摆养护水平进行监督和考核。

2. 更换植物

（1）在养护过程中，发现生长不良、病态、景观效果不好的植物，要及时撤回基地养护，更换新的植物；对换回的观赏植物要精心养护，使之能够早日恢复健康。

（2）根据合同条款，定期更换植物或进行布局更改，给客户焕然一新的感觉，以达到常看常青、常看常新的景观效果。一般情况是，客户一年有两次植物种类的更换要求。

5.2.9　信息反馈

（1）租摆单位要与客户及时沟通：了解客户的想法并征求意见，及时解决出现的问题，提高服务质量。

（2）针对客户提出的问题，加强对养护人员的技术水平培训，以提高养护人员的水平和素质。

（3）针对客户提出的植物景观效果问题，可以调换植物或改善植物摆放方式，提高植物观赏效果。

（4）加强对植物生长规律和习性等问题的研究，对换回的植物进行复壮养护。

根据以上内容，观赏植物租摆服务流程可以用图 5.1 表示。

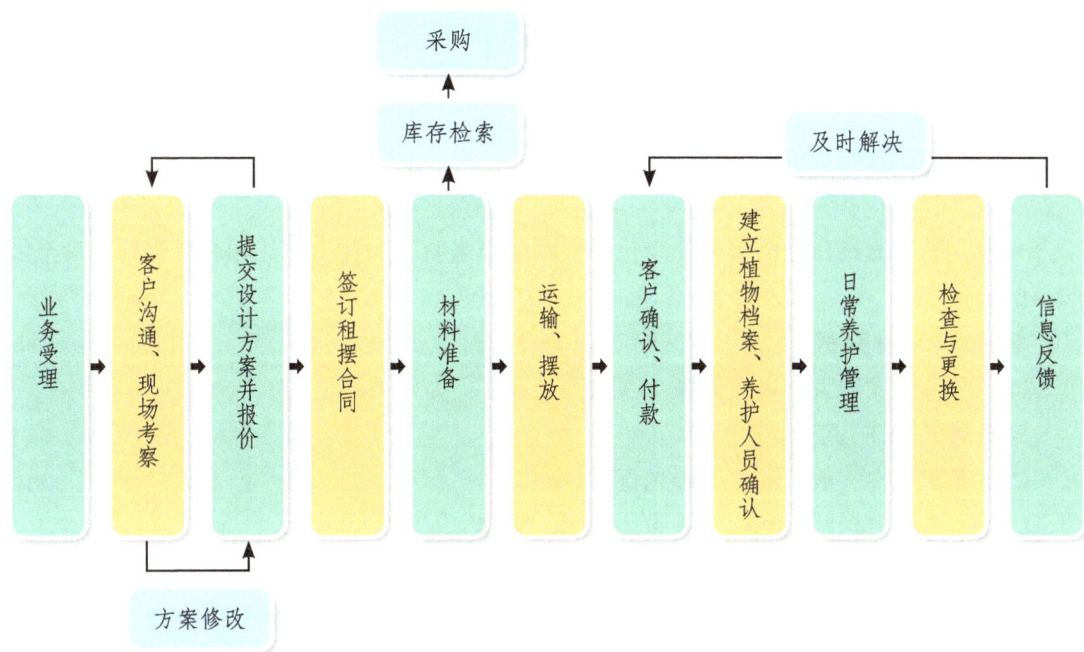

图 5.1　租摆服务流程

🌀　5.3　观赏植物租摆服务标准

花卉企业或者园林企业在进行观赏植物对外租摆时，合同双方一定要制定租摆服务标准，并严格按照标准进行租摆服务。

观赏植物租摆服务的基本标准如下：

（1）植物造型美观，摆放合理，叶色自然。

147

（2）清洁卫生，叶面无尘土，无枯枝落叶，无病虫害，盆土无异味。

（3）所有摆放花卉、绿植最好更换统一瓷盆、水位盆或其他花盆。水位盆比较好，为双层设计，有直接蓄水功能，干净环保；而瓷盆底部要摆放一个托盘储水，水浇多时会溢出，容易弄脏地面。

（4）及时更换不符合摆放标准的植物，需更换的植物尽量做到在最短时间内更换到位。

（5）养护人员应认真负责，适时进行植物护理工作，遵守客户规章制度，不得妨碍客户的正常工作与经营。

（6）养护人员不得在租摆单位公共场所内吸烟、吐痰、大声喧哗，或做与养护工作无关的事情。

5.4 观赏植物租摆服务案例

5.4.1 酒店植物租摆方案

一般，酒店通过良好的室内外绿化吸引顾客前来就餐、住宿，让顾客享受到"宾至如归"的服务。

1. **酒店环境分析**

（1）环境温度适宜，昼夜都在 25℃左右。

（2）通风条件、空气质量一般。

（3）光照条件一般，常年无阳光直射。

（4）大堂和电梯间是酒店主要绿化空间，摆放空间较大。

2. **植物摆放建议**

（1）植物摆放时要考虑光照、通风等条件，选择适宜室内生长的绿色植物。

（2）植物摆放时要考虑选择能够净化空气、吸收有害气体、创造赏心悦目环境的绿色植物。

（3）大堂和电梯间空间较大，可选择大型植物和小型花卉配合布置，使得酒店既气派又典雅。如在大堂大厅立柱旁边可摆放大型观叶植物（见图 5.2）；在接待台上、会客区的茶几上可摆放中小型观花植物，彩叶植物，观果植物或盆景（见图 5.3）。

图 5.2　宾馆大堂绿植

图 5.3　宾馆接待台绿植

3. 推荐植物

（1）大中型植物：散尾葵、鱼尾葵、垂叶榕、绿萝、棕竹、夏威夷椰子、橡皮树、国王椰子、马拉巴栗等。

（2）小型植物：金边铁、银边铁、万年青、常春藤、白掌、银皇后、袖珍椰子、金琥、黑美人、虎皮兰、君子兰、蝴蝶兰、红掌、杜鹃、苏铁等。

5.4.2　商场植物租摆方案

1. 商场环境分析

（1）通常没有专门的绿化租摆空间，但是整体上观赏植物摆放空间充足。

（2）商场温度适宜，一般在 25℃左右，昼夜温差变化不大。

（3）阳光照射较差，但灯光照明条件较好。

（4）通风条件一般，人流量大，环境混杂。

2. 植物摆放建议

（1）由于环境混杂，商场的植物租赁只要能起到一定的点缀效果即可，通常没有很高的要求。

（2）植物选取要尽量考虑能吸收商场装修、出售物体中散发出的有害气体，以达到净化空气的目的。

（3）由于人流量大，要尽量选择不易被摩擦、碰撞损伤的植物，也不要选择坚硬、多刺易扎人和花粉多的植物。

（4）植物选择要考虑商场内光照、通风不好的特点，选择对光照和通风要求不高的植物。

（5）不同摆放位置应注意植物对光线的要求，比较喜光、高大的植物应尽可能摆在大厅入口，如幸福树、发财树、榕树等。

（6）较耐阴的植物可以放在电梯口等角落位置，如棕竹、绿萝、螺纹铁等。

3. 推荐植物

（1）大中型植物：绿萝、马拉巴栗、散尾葵、国王椰子、棕竹、夏威夷椰子、富贵竹笼、苏铁、橡皮树等。

（2）小型植物：绿萝、吊兰、常春藤、银边铁、金边铁、万年青、白掌、袖珍椰子、金琥、银皇后、虎皮兰等。

5.4.3　医院植物租摆方案

1.　医院环境分析

（1）医院的环境温度适宜，白天通常在25℃左右，但冬天夜晚医院的温度一般会较低，昼夜有一定温差，但变化较小，其温度环境较适宜绿色植物生长。

（2）人员流动多，空气质量较差，病菌含量较高。

（3）不同位置的光照差别较大，尤其是走廊光照少。

（4）医院里的植物通常摆放在走廊等公共区域，植物摆放的空间不大。

2.　植物摆放建议

（1）首先要考虑选择能吸收有害气体，特别是能分泌杀菌物质的植物，以达到净化空气、改善空气质量的目的。由于医院内的病菌含量较高，所以应采用一些中小型、净化空气作用强的植物。

（2）在美化环境的同时，最好选择一些能改善病人心情的观赏植物。

（3）需要注意的是，不能选用那些枝叶坚硬、叶子较尖的植物，以免对孩子和老人造成伤害。另外，花粉较多的植物也不适合摆放在医院内。

3.　推荐植物

（1）大中型绿色植物：荷兰铁、富贵竹笼、散尾葵、棕竹、绿萝、巴西木、夏威夷椰子、心叶藤、肉桂、橡皮树等。

（2）小型绿色植物：常春藤、银边铁、金边铁、绿萝、吊兰、袖珍椰子、芦荟、玛丽安、万年青、白掌、虎皮兰等。

5.4.4　办公空间植物租摆方案

1.　办公环境分析

办公室作为员工每个工作日至少有8个小时在其中工作的场所，具有摆放植物空间小、光照条件一般、空气通风条件差、电脑辐射强、装修引起的有毒气体多、空气污染重、流动人员多等特点。同时，员工工作压力大，容易产生疲劳感等。所以，需要创造一个和谐且充满工作激情的绿色、健康的办公环境。

2.　植物摆放建议

（1）在植物选择上要考虑对空气净化作用大，特别是能够吸收有害气体和辐射的植物，如金琥、虎尾兰、吊兰、绿萝等。

（2）考虑到办公室光照一般、通风不好的特点，应选择对光照和通风要求不高的室内观赏植物,如观赏蕨等。

(3)植物摆放应尽量利用有限的空间,采用一些垂吊植物来增加绿化的层次感,如可在柜顶等处寻找空间进行立体绿化。

(4)在办公楼的大厅、前台、领导办公室等处要注意绿化档次,提升单位整体形象。如可在领导办公室的柜式空调上或墙壁上进行观赏植物装饰(见图5.4)。

图5.4 办公室观赏植物应用

3. 推荐植物

(1)办公楼大堂绿化植物:辫结发财树、单杆发财树、单杆幸福树、多杆幸福树、富贵竹笼、金边香龙血树、橡皮树、散尾葵、大型天堂鸟、花叶万年青、斑叶万年青、荷兰铁、黛粉叶、螺纹铁、白掌、杜鹃花、粉掌、红掌、虎尾兰、金心吊兰、绿萝、七彩凤梨、仙客来、袖珍椰子、长寿花等。

(2)办公室内大中型植物:发财树、绿萝、摇钱树、荷兰铁、富贵竹笼、散尾葵、鱼尾葵、国王椰子、马拉巴栗、棕竹、夏威夷椰子、龙血树、巴西木、心叶藤、橡皮树等。

(3)办公室内小型植物:绿萝、银边铁、金边铁、吊兰、常春藤、开心果、白掌、文竹、花叶万年青、万年青、袖珍椰子、金琥、银皇后、虎皮兰、芦荟、黑美人以及小型水培植物等。

5.4.5 会场植物租摆方案

会场布置有许多种形式,不同的场合(如圣诞、国庆、中秋、公司员工大会、欢迎外宾、年会等)对于会场布置的要求也不一样。良好的会场布置会让整个会议拥有非常好的气氛,可以使人们在踏入会场的一瞬间就融入会议的主题中。

1. 中小型会场植物布置

中型会议室将会议桌排列成长方形(见图5.5),中间留出空地,空地上用不同盆栽排列成图案或自然式。这种布置方式不但充实了空间,缩短了人与人之间的距离,而且可活跃气氛,使人宛若置身于

图5.5 中型会场观赏植物布置

生机勃勃的大自然之中。

小型会议的会场一般以椭圆形排列，中间留有低于台面的花槽或地面，可以在花槽中摆放盆栽观花植物或观叶植物，如图 5.6 所示。要注意的是，植物高度不能太高，以免影响与会者视线。

2. **大型会场植物布置**

有关单位、组织、团体需要举办一些会议，由于人数较多，需要一个大型的会场。为了让与会者

图 5.6 小型会场观赏植物布置

能在一个轻松愉快、绿色环保的环境参会，举办方会对会场进行一些观赏植物的布置。大型会场植物布置主要包括会场入口、主席台前后和会场四周，如表 5.2 所示。

表 5.2 大型会场植物布置

位 置	植物摆放	示例图片
会场入口处	摆放两盆较大的迎宾花开或两个花篮，起画龙点睛的作用。	
主席台后面	以高大绿色植物做背景，如散尾葵、南洋杉、棕竹等。	
主席台前面	小盆植物或花开，与主席台后面的绿植相呼应，如鸭脚木、一叶兰、变叶木、一品红、杜鹃、竹芋等。	
会场四周	少量大型绿植，如大叶伞、马拉巴栗、巴西木、绿萝等。	

此外，切合会议主题做一些其他布置也很关键。例如，圣诞节时可以加上一棵高大的圣诞树和一些圣诞花，再配合一些精美的彩带和气球，以此来渲染会场气氛。

要点回放

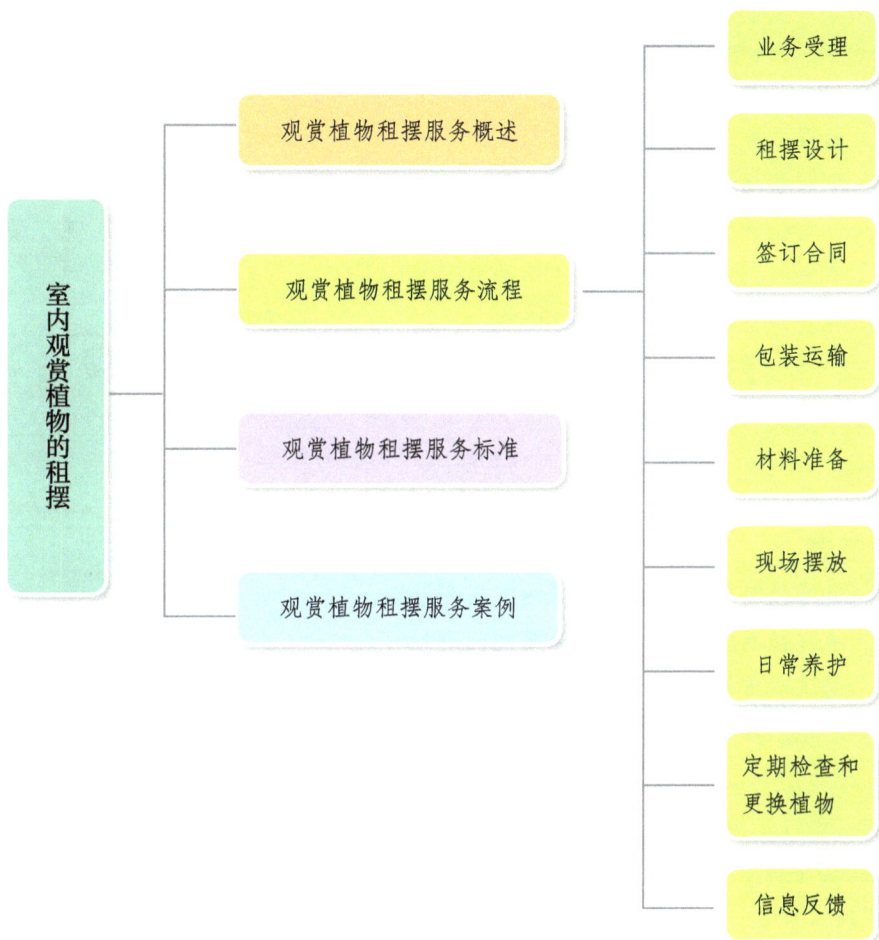

室内观赏植物的租摆
- 观赏植物租摆服务概述
- 观赏植物租摆服务流程
  - 业务受理
  - 租摆设计
  - 签订合同
  - 包装运输
  - 材料准备
  - 现场摆放
  - 日常养护
  - 定期检查和更换植物
  - 信息反馈
- 观赏植物租摆服务标准
- 观赏植物租摆服务案例

✏️ 课后体验

体验一　考一考

一、填空题

1. 租摆服务的理念就是引绿入室、_____、返璞归真、_____。

2. 观赏植物租摆一般分为两大类：_____和_____。

3. 观赏植物租摆服务对于客户来说，有四点好处：_____、观赏植物种类可定期更换、租摆花卉相对于购买更划算、_____。

4. 观赏植物租摆流程：业务受理→_____→现场考察→_____→签订合同→材料准备→_____→_____→_____→检查更换→信息反馈。

体验二　想一想

二、简答题

1. 观赏植物租摆服务的基本内容有哪些？

2. 观赏植物租摆设计应注意哪些问题？

3. 简述观赏植物租摆服务的基本标准。

体验三　做一做

三、实训项目

实训项目 5-1：某单位办事大厅的租摆服务。

1. **实训目标**

    通过对银行等企事业单位的大厅进行观赏植物租摆服务，掌握室内观赏植物租摆整个流程以及流程中的各项技术，同时培养学生的职业素质和综合能力。

2. **实训组织**

    （1）教师统一组织，可与一些单位进行协商，作为学生租摆服务的场所。

    （2）教师对学生进行分组，各组推选组长，由组长负责具体实施。

    （3）划分各组的租摆区域。

3. **实训要求**

    （1）教师提出活动前准备。

    （2）教师宣布注意事项。

    （3）教师随队指导。

4. 评价内容

序　号	评价项目	分值（分）
1	租摆方案设计与实施能力	30
2	租摆效果	20
3	团队合作能力	10
4	工作态度	10
5	PPT 汇报和实训总结	30

主要参考文献

[1] 顾永华 . 盆栽花卉四季养护全书 [M].2 版 . 南京：江苏科学技术出版社 ,2007.

[2] 刘畅旸 . 提升运气的吉祥植物 [M]. 哈尔滨：哈尔滨出版社 ,2011.

[3] 霍文娟 , 李仕宝 . 家庭水培花卉养护 [M]. 天津：天津科技翻译出版公司 ,2012.

[4] 翁智林 . 净化室内空气常用植物养护指导 [M]. 上海：上海科学技术出版社 ,2011.

[5] 郭炳华 . 室内净化植物 [M]. 青岛：青岛出版社 ,2009.

[6] 王茂良 . 居家健康花草 [M]. 天津：天津出版传媒集团 ,2012.

[7] 郭炳华 . 室内净化植物观赏栽培一本全 [M]. 青岛：青岛出版社 ,2012.

[8] 孙艺嘉 . 家庭花卉养护摆放宝典 [M]. 长春：吉林科学技术出版社 ,2009.

[9] 陈坤灿 . 居家健康植物活用百科 [M]. 长春：吉林科学技术出版社 ,2009.

[10] 褚建君 , 张屹东 . 家庭花卉的病虫害防治 [M]. 上海：上海交通大学出版社 ,2011.

[11] 全国农业技术推广服务中心 . 中国植保手册：鲜切花病虫防治分册 [M]. 北京：中国农业出版社 ,2010.

[12] 原草 . 花言草语 [M]. 北京：中国农业大学出版社 ,2010.

[13] 郭绍涛 , 邓星 . 花之彩——花文化与生活 [M]. 成都：成都时代出版社 ,2005.

[14] 赵彤 . 组合盆栽设计浅谈 [J]. 花卉 ,2014(8):14−15.

[15] 秦俊 , 傅徽楠 , 杨林 . 室内绿化对建筑综合征缓解作用的研究 [J]. 福建林学院学报 ,2002,22(4):308−311.

[16] 丁铮 . 论家居绿化与人类健康的关系 [J]. 西南农业大学学报 (社会科学版), 2004, 2(2):17−19.

[17] 王丽勉 , 秦俊 , 胡永红 , 等 . 室内 16 种植物的固碳放氧研究 [J]. 浙江农业科学 ,2007,(6):647−649.

[18] 周杰良 , 闫文德 , 王建湘 .7 种盆栽观赏植物室内滞尘能力研究 [J]. 现代农业科技 ,2009(8):7−8,10.

[19] 郭阿君 .10 种室内观叶植物固碳释氧、蒸腾、抑菌特性的研究 [D]. 哈尔滨：东北林业大学 ,2004.

[20] 谢田 . 室内观叶植物与室内空气质量关系的研究与探讨 [J]. 贵州环保科技 ,1997,3(2):28−36.

[21] 周益生 , 室内空气污染对人体健康的影响 [J]. 华夏医学 ,1999,12(5):646−650.

[22] 梁双燕 . 室内观赏植物吸收甲醛效果的初步研究 [D]. 北京：北京林业大学 ,2006.

[23] 李玲玲 . 怎样用植物调节室内气候 [J]. 上海住宅 ,2003(10):67.

[24] 胡衡生 , 张新英 , 黄文珊 , 等 . 装修后居室空气污染及健康效应 [J]. 环境与健康杂志 ,2004,21(1):47−49.

附录 1：观赏植物租摆协议书（示例）

甲　方：　　　　　　　　　乙　方：
地　址：　　　　　　　　　地　址：
邮　编：　　　　　　　　　邮　编：
电　话：　　　　　　　　　电　话：
传　真：　　　　　　　　　传　真：

经双方友好协商，就乙方为甲方提供植物租摆一事达成以下协议：

一、协议履行地点：＿＿＿＿＿＿＿＿＿＿＿＿＿＿＿＿。

二、租摆植物清单：详见附表（此处略）。

三、租金金额：＿＿＿＿＿元／月。

四、结算时间及方式：月付或季付，每月最后 5 天或每季度最后 10 天，甲方以现金或支票方式向乙方支付本月或本季度植物租金，乙方应同时向甲方出具同等金额的正式发票。

五、双方权利及义务：

1. 乙方按附表规定向甲方提供植物及养护服务，并且在植物状态不佳或发生病虫、枯枝、连续掉叶时，由乙方无条件免费更换，并保证质量、数量及甲方整体环境。

2. 乙方在更换植物数量及品种或对所摆植物有所改变或发现其他特殊情况时，应提前向甲方告知，乙方保证不出现大面积缺空植物现象。

3. 乙方养护人员养护植物时应服从甲方指挥，不得影响甲方的正常工作，不得损坏甲方办公设施、家具。

4. 乙方养护人员在养护过程中应注意保持甲方的环境卫生，及时清除花盆里的杂草，并在养护后及时清理溢出的水和散落的花、土。

5. 甲方应保障乙方植物的安全，不得人为损坏，由甲方造成的损失，应由甲方承担全部责任。同时，甲方不得随意向花盆里乱倒茶水、乱扔垃圾等。

6. 乙方应在大型节日或假日时，为甲方提供合适的鲜花摆设。

六、本协议自＿＿＿年＿＿＿月＿＿＿日起至＿＿＿年＿＿＿月＿＿＿日止，有效期为＿＿＿年，协议到期无异议，经书面确认，本协议顺延＿＿＿年，至＿＿＿年＿＿＿月＿＿＿日。

七、双方应严格履行协议内容，任何一方不得擅自变更和解除本协议。更改本协议应由双方协商办理，协商不成可向履行地所在地方人民法院提起诉讼。

八、违约责任：本合同任何一方违反本合同约定，均需向对方承担违约责任，并赔偿对方因此而受到的全部损失，且有同等法律效力。本合同附件与本合同不可分割，具有同等法律效力。

九、本协议壹式贰份，双方各执壹份。

甲方签字：   乙方签字：

盖　　章：   盖　　章：

时　　间：　　年　月　日   时　　间：　　年　月　日

附录 2：观赏植物租摆合同（示例）

甲　方：　　　　　　　　　　乙　方：
地　址：　　　　　　　　　　地　址：
邮　编：　　　　　　　　　　邮　编：
电　话：　　　　　　　　　　电　话：
传　真：　　　　　　　　　　传　真：

经甲乙双方友好协商，甲方委托乙方承包甲方观赏植物租摆业务，为明确甲乙双方责任和保障双方的权益，特签订本合同，内容如下：

一、租摆观叶植物品种、规格及租金详见租摆报价表（此处略），月租金为_____元，每月或每季度付款一次，付款时间于月初或季初。

二、服务期限：_____年____月____日起至_____年____月____日止。

三、甲方权利及义务：

1. 甲方提供摆放花木的场地及无偿提供水资源。

2. 甲方对乙方花卉租摆的数量、品种、规格及质量进行指导监督。甲方在合同范围以外需增加摆放植物数量，应及时同乙方协商，摆放后应立即签订附加合同。

3. 甲方如需要更换摆放位置及品种（同种规格、同价格）应及时通知乙方办理，未经乙方允许，私自搬动更换位置，造成花卉死亡和套盆损坏，应由甲方负责赔偿（赔偿金额为该花木月租金的肆倍）。

四、乙方责任及义务：

1. 乙方工作人员遵守甲方的一切规章制度，不得进入与租摆业务无关的区域，不得做与租摆无关的事。

2. 乙方工作人员应根据租摆方案进行观赏植物摆放，不得随意更改，最大限度地发挥观赏植物的景观效果。

3. 乙方工作人员在摆放植物及日常维护时应注意安全，不得损坏甲方设施，保持现场清洁卫生，做到人走净场。

4. 乙方应保持摆放的植物美观、无病虫害、无黄叶、叶面无灰尘等。

五、违约责任：甲乙双方如单方面违约提前终止合同，需付对方违约金，违约金相当于壹个月的植物租金。

六、本合同壹式贰份，甲乙双方各执壹份，如有未尽事宜，双方代表协商解决。

甲方签字：　　　　　　　　　　　　乙方签字：

盖　　章：　　　　　　　　　　　　盖　　章：

时　　间：　　年 月 日　　　　　　时　　间：　　年 月 日

附录3：课后体验参考答案

课后体验1

一、判断题

1. √   2. ×   3. ×   4. ×   5. √

二、填空题

1. 松、竹、梅

2. 梅、兰、竹、菊

3. 姿、色、香、韵

三、连线题

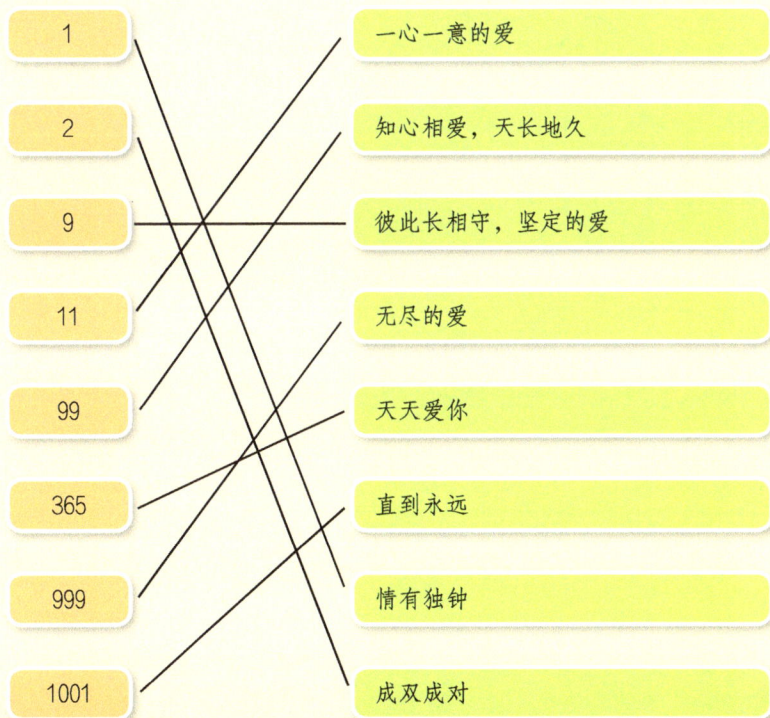

红月季花花枝数　　　　　　　　　　　　　　寓　意

1	一心一意的爱
2	知心相爱，天长地久
9	彼此长相守，坚定的爱
11	无尽的爱
99	天天爱你
365	直到永远
999	情有独钟
1001	成双成对

四、简答题

1. 美化环境，保护和改善环境，调节人的身心健康。

2. 略。

3. 观赏植物对于保护和改善室内环境的作用主要体现在以下五个方面：第一，减少室内的二氧化碳，增加氧气。第二，调节室内温湿度。植物叶片的光合作用、蒸腾作用等生理代谢，可使室内气温降低，同时还能调节室内相对湿度。在干燥季节，植物能提高室内相对湿度；而在雨季，则又具有吸湿性，可降低室内湿度。第三，可以有效地吸附空气中的尘埃，以及吸收室内一些有害气体和放射性物质。第四，可以杀灭室内空气中的病原菌，起到净化空气的作用。第五，可以增加室内空气中的负氧离子浓度。

五、实训项目

略。

✏ 课后体验2

一、判断题或填空题

1. × 　2. √ 　3. √ 　4. 茉莉花 　5. 白掌

二、连线题

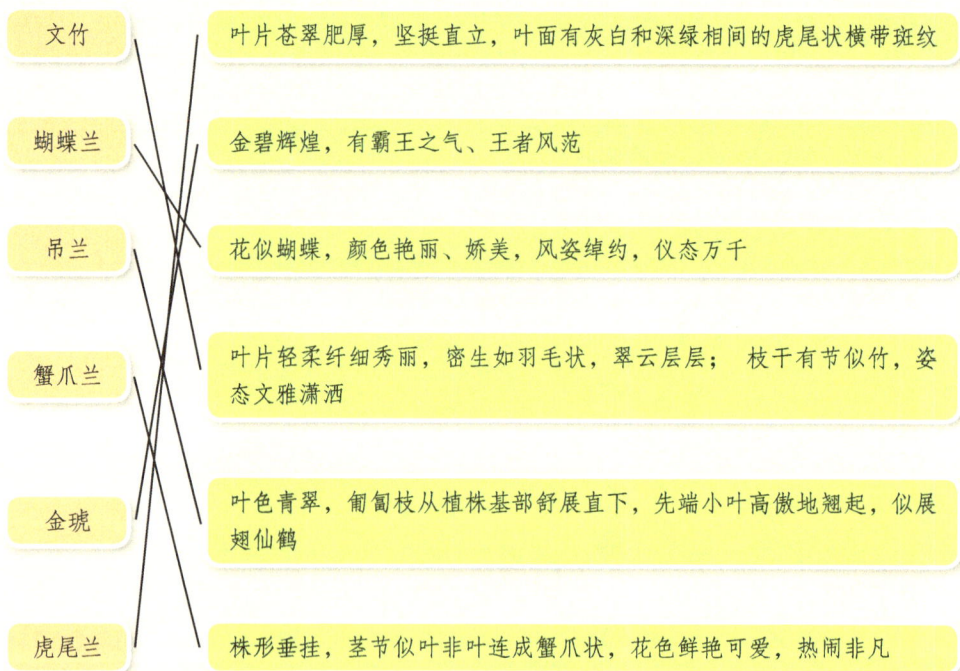

文竹	叶片苍翠肥厚，坚挺直立，叶面有灰白和深绿相间的虎尾状横带斑纹
蝴蝶兰	金碧辉煌，有霸王之气、王者风范
吊兰	花似蝴蝶，颜色艳丽、娇美，风姿绰约，仪态万千
蟹爪兰	叶片轻柔纤细秀丽，密生如羽毛状，翠云层层；枝干有节似竹，姿态文雅潇洒
金琥	叶色青翠，匍匐枝从植株基部舒展直下，先端小叶高傲地翘起，似展翅仙鹤
虎尾兰	株形垂挂，茎节似叶非叶连成蟹爪状，花色鲜艳可爱，热闹非凡

三、简答题

1. 蝴蝶兰、大花蕙兰、瓜叶菊，花期在冬、春季；天竺葵，花期在夏季；杜鹃花，花期在春季。

2. 常见室内观赏植物中的喜阴植物有绿萝、白鹤芋、合果芋、花叶芋、孔雀竹芋、龟背竹、喜林芋类、蕨类等。

3. 吊兰、绿萝、常春藤、散尾葵、虎尾兰、芦荟等。

四、实训项目

略。

✎ **课后体验3**

一、填空题

1. 以人为本原则；美学原则；生态适应原则；经济实用原则

2. 点状配置；线状配置；面状配置；墙壁式配置；悬挂式配置

二、简答题

1. （1）中心突出，主次分明；（2）构图合理，比例恰当；（3）色彩协调，选材适当；
（4）整体和谐，风格统一。

2. （1）管理简单。水培植物依靠营养液提供养料，不必天天浇水、松土、除草、换
土、施肥，只要定期更换植物营养液即可，非常适合快节奏的现代生活方式，因
此容易被大众接受。

（2）清洁卫生。水培植物不需要泥土，只需适量的水和营养液，因此消除了泥土
栽培因施肥、换土和浇水等过程造成的有害细菌在室内滋生、蔓延和传播等问题。
由于营养液采用了特殊成分，避免了蚊虫在其中的滋生。水培植物取消了花盆底
孔，花盆不会滴漏污泥、浊水，可以摆放在室内的任何地方，使室内环境更安全、
更清洁、更卫生。

（3）观赏价值高。水培植物不仅生长健壮、整齐、花期长，而且容器选择范围更
广，可选择工艺化程度高的透明材质，既可展现土栽植物不易达到的灵秀，又比
鲜切花作品的生命期长，还可在透明花瓶中养殖适量观赏鱼，花鱼共赏，让人更
加喜爱。

（4）方便出口。水培植物由于具有环保、清洁的特点，相对容易通过相关的进出
口检验。目前，我国已经有相当一部分花卉出口到美国、日本、比利时等国家，
增加了我国花卉业的竞争力。

3. 一般新装修的房子，包括新购买的一些经过油漆的家具，多少会存在一些苯和甲
醛等有害物质。首先，应该选择一些对苯和甲醛净化效果较好的观赏植物，如吊
兰、米兰、佛手、绿萝、"亚利桑那"红掌、"黄金小神童"大花蕙兰、垂叶榕、
金钱榕、南洋杉、孔雀竹芋、圆叶竹芋、九里香和绿巨人等。其次，根据以上种
类，当客厅空间宽敞时，应选择体形较大的种类放在拐角、窗前或沙发旁边，如
垂叶榕、金钱榕、南洋杉、九里香、绿巨人等；若想摆放在台桌、几架上，可选
用体形较小、形态娇美的种类，如兰花、君子兰、红掌、长寿花、孔雀竹芋、圆

叶竹芋、佛手、"亚利桑那"红掌、"黄金小神童"大花蕙兰、吊兰和米兰等。

三、实训项目

略。

✏️ **课后体验 4**

一、填空题

1. "宁干勿湿"；"不干不浇，浇则浇透"

2. 早晚；中午；"感冒"

3. 少量多次

4. 疏枝或打杈；摘叶；摘心或打顶；除芽

二、简答题

1. （1）创造良好生长环境。科学栽培，合理施肥、浇水，及时松土，改善栽培环境，促进植物健壮生长，提高其抗病虫能力。

（2）减少病虫来源。要及时清除花盆内的杂草，修剪病虫枝叶并立即销毁。

（3）室内观赏植物病虫害防治应该遵循"治早、治小、治了"的原则。只有勤观察、早发现，才能早治疗、减少损失。

（4）在室内不宜施用化学农药，家庭养花可用人工驱除法防治病虫害；单位租摆一旦发现有病虫，要立即移至室外进行防治，或换回至租摆公司处理。

2. （1）发现病叶应及时摘去并烧毁。

（2）增加室内光线，提高室温。或用50%的农利灵（乙烯菌核利）可湿性粉剂1200倍液，或40%的百菌清可湿性粉剂600倍液，交替喷洒，7~10天喷一次，连续喷洒2~3次，可有效控制该病的蔓延。

3. 介壳虫是室内观赏植物上发生最普遍、为害最严重的一类害虫。其防治措施主要有：

（1）加强检疫。观赏植物购买时一定要仔细检查，不买带虫观赏植物苗木。

（2）及时疏枝修剪，去除部分虫枝，能增强通风、透光，促进植物健康生长，不利于介壳虫的发育，同时有利于药剂喷施均匀。

（3）增加室内空气湿度，有利于抑制介壳虫的发生。

（4）勤观察，早发现。少量发生时，一般采用人工驱除法防治病虫害，可使用软毛刷或者海绵蘸10倍洗衣液、酒精或食醋轻轻擦除，然后用清水冲洗干净。或结合修剪，剪去虫枝、虫叶。要求刷净、剪净、集中烧毁病害组织，切勿乱扔。

（5）在若虫孵化盛期（一般在5-6月），可将盆栽移至室外进行药剂处理：用40%速蚧克（速扑杀）乳油1500倍液、40%蚧宝乳油1000倍液、狂杀蚧（40%杀扑·嘧磷·噻）乳油800~1000倍液、22.4%螺虫乙酯悬浮剂3000倍液、20%莫比朗可湿性粉剂5000倍液加1%洗衣粉喷施。

三、实训项目

略。

✎ **课后体验 5**

一、填空题

1. 优化环境；美化生活

2. 日常租摆；临时租摆

3. 省心；环保

4. 客户沟通；租摆设计；包装运输；现场摆放；日常养护

二、简答题

1. （1）出租盆栽植物，提供托盘、托盆等相关服务。（2）负责运输，送货上门；租摆到位，定期养护。（3）及时更换盆栽植物，保证观赏效果。（4）可根据用户要求，进行特殊设计和布置。

2. （1）客户个性植物设计。（2）植物摆放设计。（3）环境要求植物设计。（4）制作效果图。

3. （1）植物造型美观，摆放合理，叶色自然。（2）清洁卫生，叶面无尘土，无枯枝落叶，无病虫害，盆土无异味。（3）所有摆放花卉、绿植最好更换统一瓷盆、水位盆或其他花盆。水位盆比较好，双层设计，有直接蓄水功能，干净环保；而瓷盆底部要摆放一个托盘储水，水浇多时会溢出，容易弄脏地面。（4）及时更换不符合摆放标准的植物，需更换的植物尽量做到在最短时间内更换到位。（5）养护人员应认真负责，植物需要适时进行护理工作，遵守客户规章制度，不得妨碍客户的正常工作与经营。（6）养护人员不得在租摆单位公共场所内吸烟、吐痰、大声喧哗，或做与养护工作无关的事情。

三、实训题

略。